完整收錄台灣6科36種蛙類鳴叫聲、生活史與蝌蚪速查表

台灣 蛙類與蝌蚪圖鑑

楊懿如、李鵬翔 ◎ 著

貓頭鷹

台灣蛙類與蝌蚪圖鑑 YN7001

作　　者　楊懿如、李鵬翔
責任主編　李季鴻
影像協力　廖于婷
校　　對　黃瓊慧、李季鴻
版面構成　張曉君、劉曜徵
封面設計　林敏煌
行銷業務　張瑞芳、何郁庭
總 編 輯　謝宜英
出 版 者　貓頭鷹出版

發 行 人　涂玉雲
榮譽社長　陳穎青
發　　行　英屬蓋曼群島商家庭傳媒股份有限公司城邦分公司
　　　　　104 台北市中山區民生東路二段 141 號 11 樓　城邦讀書花園：www.cite.com.tw
購書服務信箱：service@readingclub.com.tw
購書服務專線：02-25007718 ～ 9（週一至週五上午 09:30-12:00；下午 13:30-17:00）
24 小時傳真專線：02-25001990 ～ 1
香港發行所　城邦（香港）出版集團／電話：852-28778606 ／傳真：852-25789337
馬新發行所　城邦（馬新）出版集團／電話：603-90563833 ／傳真：603-90576622
印 製 廠　中原造像股份有限公司
初　　版　2019 年 3 月／五刷 2023 年 10 月
定　　價　新台幣 750 元／港幣 250 元
ISBN　978-986-262-377-0

貓頭鷹
讀者意見信箱　owl@cph.com.tw
投稿信箱 owl.book@gmail.com
貓頭鷹知識網　http://www.owls.tw
貓頭鷹臉書 facebook.com/owlpublishing/
【大量採購，請洽專線】(02)2500-1919

國家圖書館出版品預行編目(CIP)資料

台灣蛙類與蝌蚪圖鑑／楊懿如, 李鵬翔著 .--
初版 .-- 臺北市：貓頭鷹出版：家庭傳媒城
邦分公司發行, 2019.03
192 面；17×23 公分
ISBN 978-986-262-377-0（平裝）
1. 蛙 2. 動物圖鑑 3. 台灣

388.691　　　　　　　　　　108002254

目次

誌謝

　　本圖鑑承蒙多位兩棲同好與先進熱心提供珍貴照片，方得以順利成書。以下照姓名順序列出，謹致謝忱：

　　王人凱、机慶國、江志緯、何俊霖、何瑞暘、吳仲修、吳登立、呂效修、李佳翰、李杰修、李信德、李承恩、李穎松、林佳宏、林聖桓、邵麒軒、柯丁誌、胡正恆、孫文正、徐本裕、徐浩偉、高大晏、曹家銘、梁彧禎、莊銘豐、陳立瑜、黃義欽、楊胤勛、葉大裕、蔡明達、劉人豪、蔡松佑、盧紹榮、賴文龍、藍以恆、顏振暉、蘇耀堃、台灣兩棲類動物保育協會。

台灣自然圖鑑從紙本全面進化

貓頭鷹出版自然圖鑑的淵源溯自二十世紀末，引進英國DK出版社的圖鑑與百科全書開始。累積十年實務經驗後，我們開始製作台灣本土自然圖鑑。以去背精確呈現物種特徵、讓圖片具有鑑定物種的功能，也令閱讀內容變得更為賞心悅目。2003年出版《台灣蝴蝶圖鑑》後，我們陸續推出《台灣行道樹圖鑑》、《都市賞鳥圖鑑》、《台灣鳥類全圖鑑》等主題，把台灣深厚的自然研究成果，用現代化的方法展現出來。貓頭鷹出版遂成為台灣自然圖鑑領域最重要的耕耘者。

時至今日，我們也不免要自問：「現在Google這麼方便，為什麼還需要紙本圖鑑呢？」

紙本圖鑑的價值在於出版品本身的公信力，以及經過編輯流程後的正確內容。你可以根據物種特徵，逐步檢索，最後找到準確的解答。但要維持專業知識的更新速度、發表最新研究成果，若非重大的決心與承諾，絕對難以臻至。

2019年，歷經萬難的《台灣原生植物全圖鑑》八卷九巨冊完工後，我們著手全面翻新紙本圖鑑。除了全面修訂經典書目，同時投入更多資源推出新主題如「台灣蛙類與蝌蚪」、「台灣螞蟻」、「高山野花」、「蜻蜓豆娘」、「手繪台灣特有鳥類」等。

另一方面，我們也體認到紙圖鑑現在最大的不足，是無法表現影音等動態訊號，而有些重要的辨識資訊，只能借重數位媒體才能傳達，對讀者產生用處。因此，新一代圖鑑就是要盡可能收錄紙本無法表現的數位資料。

基於這樣的思考，「台灣自然圖鑑」這個全新的圖鑑系列，就是從《台灣蛙類與蝌蚪圖鑑》出發，將紙本與APP結合，開創一種新的知識模式。首先，我們將以親切的閱讀介面，呈現前所未見的詳盡內容。用加大的版面與篇幅，清楚的去背拉線與豐富的生態圖，展現物種的生活環境與辨識特徵，並以QR code的格式收錄數位資訊，豐富讀者的閱讀體驗。

而2018年11月推出的「台灣蛙類圖鑑」APP，則全面發揮數位載具的強大功能。除了直接收錄台灣野外36種蛙類動物的聲音資料庫，可以在手機上直接播放，還加入了野外觀察紀錄的功能，使用者可以在野外用手機拍照、用內建GPS自動定位經緯度與紀錄天氣，製作準確率更高的觀察筆記。並且與台灣兩棲類保育的學術資料庫連結，使用者能夠在正確的審核機制下，直接參與對全台蛙類分布地圖的編寫，也改造了以往作者對讀者的單向關係。

這樣的模式結合了與「紙本」與「數位」這兩種內容的表現形式，卻更能發揮兩者各自的特性。將圖鑑這個書種，以更進化的樣貌及更全面的內容，呈現給我們過去與未來世代的讀者。

貓頭鷹出版社 編輯室

青蛙家族全員集合！

老王賣瓜，巫婆賣青蛙——公主。等了滿久（但沒有自己的書那麼久），很開心地等到由青蛙公主、青蛙王子聯手，以及許多蛙友們的貢獻、各種青蛙在不同生活史階段的配合而完成的這本《台灣蛙類及蝌蚪圖鑑》。雖然兩棲爬行動物總是被歸在一起，通常在台灣出圖鑑時也是合成一本（這本書的前世也是如此），但是能夠在野外專心的只看蛙找蝌蚪、強迫自己不分心摸爬蟲，也許會找到更多的物種呢。

經常有人問我為什麼叫青蛙巫婆，其實那是在上個世紀的90年代，青蛙公主和青蛙王子設了「青蛙小站（楊懿如的青蛙學堂）」這個介紹國內外各種蛙類知識常識、攝影方式等的網站。當時我在日本買了一台掃描機，在掃描我收集的各類有蛙的童書繪本之後，發現那個數量超過三位數，在跟青蛙公主說了之後，她說：那就在青蛙小站中介紹那些書吧。既然有公主王子（還有一個介紹在野外看蛙的蝌蚪王子），當然要有個巫婆才是啊。於是就這樣，即使他們在台灣我在日本，我仍舊像是從前在同一個研究室時一樣，知道我那愛蛙成痴、為保育蛙類不遺餘力的學姊學長是如何在野外趴趴走的找蛙看蛙拍蛙、演講宣導、帶賞蛙活動、外來種兩棲類的監測與移除、甚至，最近還成立了「台灣兩棲類動物保育協會」！而且這本書的版稅還直接捐給這個協會呢！實在是令人生以耍廢為目標的青蛙巫婆佩服不已。雖然她的人品有多好，我早在上個世紀就知道了。

關於書的內容、編排、照片等等有多麼用心，只要看書就知道。雖然巫婆平時的形象不一定有多好，但是在分享好書的時候絕對不打誑語。青蛙家族公主王子費時費神做出來的書，絕對可以當成傳家寶、推薦給愛蛙同好、當成介紹台灣的伴手好禮呢。

科普作家
青蛙巫婆

站在前輩的肩膀上看青蛙

二十多年前，我剛進入生態演化領域就讀碩士，閱讀的第一篇原文期刊就是楊懿如老師的研究成果：利用分子遺傳檢測台北樹蛙的地理分化。我的指導教授比楊老師大了幾屆，輩分上她算是我的「師叔」。隨著分生技術的突飛猛進，相關領域的研究已經脫胎換骨；而我們這些後續的研究者，就這樣站在巨人的肩膀上探索著世界。

雖然台北樹蛙的研究成為台灣利用遺傳研究野生動物的開端，但是楊老師並不以殿堂內的科學成就而自滿。當年，野生動物的資訊交流遠不如今，科普圖鑑更極度欠缺。但是自1991年第一本蛙類圖鑑問世以來，楊老師便以驚人的效率出版各式各樣的蛙類書刊。早年的兩爬圖鑑總是離不開「鱗片幾枚」、「牙齒幾列」等等艱澀的描述；然而在楊老師生花妙筆的帶領之下，蛙類的科普圖鑑改為更親人、更易懂的描述方式。除此之外，這本書也加入了生動又完整的生態訊息；她與夫婿李鵬翔醫師共同拍攝、挑選、蒐羅各階段的精美生態照片，堪稱本書一絕。

黑夜裡，悅耳的蛙鳴不但是牠們溝通的重要訊息，也是人類鑑別蛙種的重要線索。這本圖鑑還有一個特殊的創舉：在書中呈現了各種蛙類的鳴唱聲譜圖。藉由書中所附的QR code，每個人都可立即透過網路找到各種青蛙的鳴唱，並與野外聽到的叫聲做比對。這種貼心的設計，勢必可讓手持圖鑑的野外觀察者如虎添翼！我特地掃描了書中的QR code，試圖分辨太田樹蛙和周氏樹蛙的差異，也想聽聽看王氏、碧眼這兩種樹蛙，和典型的艾氏樹蛙到底有什麼不同。沒錯！近五年發表的王氏、碧眼、太田這三種樹蛙，也已經全數收錄在本書之中。

在各個動物類群中，鳥類因為色彩吸睛，歷經了最悠久的調查歷史。民眾將身邊的物種、時間、地點紀錄下來，這就是「公民科學」的開端。近年台灣對於蛙類的公民研究絲毫不讓鳥類專美於前；從楊老師建構的青蛙小站為起點，號召了遍布全台的蛙類志工，形成專業的公民社群。藉由定期的調查紀錄，有越來越多的人開始關心生活周遭的蛙類。這些高品質的科學數據，對了解台灣蛙類的生態、數量、與長期波動提供了莫大的助益，也反映社會大眾對自然環境的重視程度。

看著楊老師搭乘台鐵奔波於大小城鄉，在台灣各地推廣蛙類的保育教育，身為後輩的我們常感驚訝：老師怎麼會有這麼強大的決心、毅力和熱忱，來完成如此大量的教育研究工作？本書不但是台灣目前最完整的蛙類圖鑑，也代表了國人對自然多樣性探索的努力成果。希望透過楊老師這本圖鑑，吸引更多的人，一起來關注這群唱作俱佳的小動物！

台灣師範大學
生命科學院教授　林思民

國外專家推薦——太田英利

本書は、最近になって新種として記載された台灣固有種や、台灣での定着が新たに確認された外来種を含む台灣のカエル全種について、形態的特徴のみならず生態や生活史をも美しいカラー写真多数で紹介している。加えて台灣のカエル研究の第一人者である楊教授による解説は、最新の知見に基づき学術的に正確であると同時に、わかりやすく簡潔に記されている。

自然愛好家から専門家まで、台灣のカエルの多様性や保全に興味のあるすべての人に、ぜひ一冊持っておいていただきたい優良書。

本書包括了最近剛記載成新種的台灣固有種、以及在台灣已確認的新外來種青蛙等等，全部台灣蛙類的形態特徵、生態、生活史，以及許多美麗的彩色照片。除此之外，台灣首屈一指的蛙類研究者楊懿如教授的解說，不止是最新研究下的正確學術性資料，也是簡潔易懂的說明。

這是一本從自然愛好者到專家，對台灣蛙類的多樣性或保育有興趣的朋友們，務必擁有的優良好書。

日本兵庫県立大学
人與自然博物館研究部長 太田英利

國外專家推薦——關慎太郎

綿密な撮影計画と出来上がった本を利用する読者の顔が見えていないとこれほどカエルの魅力が凝縮した本は作れないだろう。一点一点が優れた写真と種を見分けるキーが的確に示されている。カメラマンだからこそわかる苦労から、先を越された悔しい気持ちが湧き上がる。素晴らしい本が出てしまった。

要是沒有縝密的攝影計畫，或是對使用本書的讀者面貌有充份的想像，應該就沒法做出這本凝聚濃縮了青蛙魅力的書吧。書中有一張張好照片，也清楚提示物種的分類特徵。看過照片後，心中湧上一股「被超越了」的懊惱心情，那是同為攝影師才知道的辛苦。真是一本好棒的書啊！

Shintar
2019.3.2

日本自然攝影家
關慎太郎

作者序

在2010年由貓頭鷹出版社出版《台灣兩棲爬行類圖鑑》後，台灣又新增碧眼樹蛙、工氏樹蛙及太田樹蛙等3種特有種，及1種外來入侵種斑腿樹蛙。而《台灣兩棲爬行類圖鑑》因篇幅的關係，蛙類主要介紹成體，在卵及蝌蚪的著墨很少，甚為可惜。因此在2019年，我們重新整理《台灣兩棲爬行類圖鑑》內有關蛙類的內容，維持原來的編輯風格，但增加文字及圖片內容，撰寫了《台灣蛙類與蝌蚪圖鑑》。

《台灣蛙類與蝌蚪圖鑑》設定一般民眾為主要的閱讀對象，規畫的內容以蛙類的食衣住行育樂等大小事為主，包括分類與起源、繁殖、攝食習性、移動與活動、防禦、棲地、與人類的關係、保育、研究與觀察，以及介紹台灣的36種蛙類成體及蝌蚪。而為了提高一般民眾對蛙類的興趣，撰寫的文字內容儘量精簡，並以親切、有趣、值得一提的事為主要內容，包含生態習性、有趣行為、辨識特徵、容易發現的地方、聲譜圖等，專有名詞的部分則儘量搭配照片或拉線說明，用以圖引文的方式，引導讀者認識台灣的蛙類世界。

也因為如此，圖片在這本書扮演關鍵的角色。我們儘量讓每種蛙類的圖片涵蓋雄蛙及雌蛙、各種行為、卵及蝌蚪發育的重要階段，呈現蛙類生活史各時期的各種風貌。為了補足內容，我們經常利用假日上山下海調查及拍攝台灣蛙類，收集第一手的野外資料。而為了呈現台灣蛙類生動、多樣的風貌，挑燈夜戰、長途開車是常有的事。但野生動物畢竟是可遇不可求，有些物種我們若無法拍到好的照片，則尋求蛙友協助提供，以免有遺珠之憾。

從1984年我們在木柵研究台北樹蛙至今，已經35年了。在我們的生命中，蛙類不僅是研究對象，還是我們的好朋友。但在最近30年，由於全球環境變遷、汙染、疾病、外來種入侵等因素，蛙類數量不斷下降，並成為眾所矚目的環境議題。為了保育蛙類，我們發起成立台灣兩棲類動物保育協會(http://www.froghome.org)，並將此書的版稅全數捐給協會，作為台灣蛙類保育基金。我們也希望藉由這本書的出版，讓民眾能瞭解、接納、進而保育蛙類。

感謝貓頭鷹出版社的支持，提供專業的內容規畫及編輯群，尤其感謝李季鴻先生耐心的溝通與協調，讓這本書能順利完成。感謝所有曾為這本書付出努力的人，希望大家都能藉由這本書成為台灣蛙類的朋友，一起保育台灣的生態環境。

本書的分類系統及相關資料，主要參考AmphibiaWeb (https://amphibiaweb.org/)及Amphibian Species of the World 6.0, an Online Reference (http://research.amnh.org/vz/herpetology/amphibia/)，但因為不斷有新的研究發現，相關資料可能有所變更，大家可上網查詢更新資訊。本書對象是一般民眾，文字儘量簡潔易懂，不過編輯嚴謹力求完美，但難免有疏漏之處，尚祈見諒，並不吝指正。

國立東華大學
自然資源與環境學系 副教授 楊懿如

如何使用本書

本書為《台灣蛙類與蝌蚪圖鑑》，收錄全部台灣野外蛙類動物共6科36種。總論部分詳細說明蛙類動物的構造、習性、行為等基本知識與保育觀念，個論部分以每種4頁的篇幅呈現每種蛙類的基本資料、辨識特徵、生態環境、生活史及聲音資訊。以下介紹本書內頁呈現方式：

① 科名與科描述，介紹該科的共同特色。

② 本種蛙類在分類學上的科名

③ 本種蛙類的中文名稱

④ 本種蛙類的英文名

⑤ 本種蛙類的拉丁學名

⑥ 特有種或外來種標示

⑦ 台灣兩棲類紅皮書名錄中的受脅類別，包括 **CR**極危、**EN**瀕危、**VU**易危、**NT**接近受脅。

⑧ 現今族群狀態，可細分為：一般類、保育類（Ⅰ、Ⅱ、Ⅲ）、外來種、常見、局部（局部常見）、局部不常見、不常見、稀有。

⑨ 物種介紹，包括本種蛙類的習性、特徵、俗別名與分布地等。

⑩ 本種蛙類的體長，計算方式為吻部至肛部的距離。

⑪ 本種蛙類的習性：分為陸棲性、水陸兩棲、水棲性、樹棲性。

⑫ 本種蛙類的活動時間

⑬ 本種蛙類的棲地

⑭ 形態特徵相似的物種與辨識重點

⑮ 本種蛙類的生活史，包括卵、蝌蚪、幼蛙、成蛙及交配等時期。

⑯ 本種蛙類的聲音資料，掃描QR code可播放蛙類的野外錄音。

⑰ 描述聲音特徵的波形圖，表示音量的大小。

⑱ 描述聲音特徵的頻譜圖，表示音調的高低。

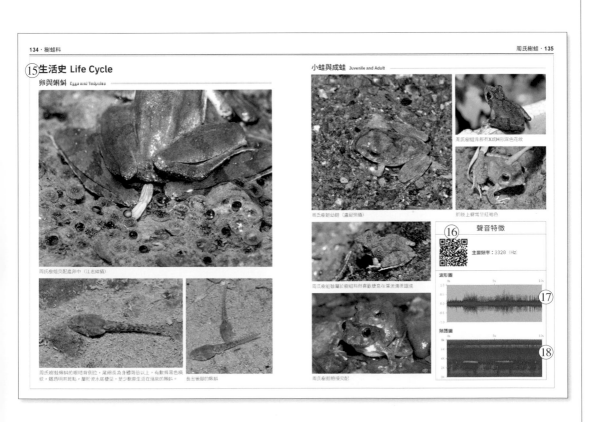

134・樹蛙科　　　　　　　　　　　　　　　　　　　　　　　　周氏樹蛙・135

⑮ 生活史 Life Cycle

卵與蝌蚪 Eggs and Tadpoles

周氏樹蛙交配產卵中（江志緯攝）

周氏樹蛙蝌蚪的嘴結背側位，尾細長為身體長的倍以上，有數條黑色縱紋，體色淺，身棲息水底環境型，少數喜歡生活在強鹽的蝌蚪。

長出後腿的蝌蚪

小蛙與成蛙 Juvenile and Adult

周氏樹蛙幼蛙（盧起先攝）

周氏樹蛙幼蛙常屬於樹蛙科幼蛙與喜歡棲息在深淺溝環境

周氏樹蛙抱接交配

周氏樹蛙身部有X或H可深色花紋

眼睛上常常呈紅褐色

⑯ 聲音特徵

主要頻率：3328（Hz）

波形圖

⑰

頻譜圖

⑱

什麼是兩生類動物

兩生類包括有四隻腳沒有尾巴的無尾目、有四隻腳有尾巴的有尾目以及長得像蚯蚓沒有腳的無足目。蛙類（青蛙及蟾蜍）是常見的無尾目動物，蠑螈及山椒魚則屬於有尾目動物。這群長相各異其趣的兩生類，有共同的特徵——濕潤裸露的皮膚以及水陸兩棲的生活，也演化自相同祖先。

兩生類成體外型特徵

頭部

① **耳後腺**：眼後兩側明顯的大型突起，是蟾蜍科特徵之一。

② **疣或瘰粒**：表面粗糙的大顆粒。

③ **鼓膜**：眼睛後方的圓形構造，蛙類的耳朵。

④ **鳴囊**：蛙類雄性在咽喉部位皮膚鬆弛擴展形成的囊狀突起，是叫聲的共鳴腔。

黑眶蟾蜍

身體軀幹

⑤ **吻**：眼前角至上頜前端，有些比較尖，有些比較鈍。

⑥ **瞳孔**：有各種形狀，例如圓形、菱形、橢圓形等。

⑦ **虹膜**：有各種顏色，例如黃色、橘色、淺綠色等。

⑧ **背部**：軀幹背面。

⑨ **膚褶**：皮膚表面略微增厚形成的短棒狀突起。

▲ 澤蛙

▲ 腹斑蛙

⑩ **背側褶**：背部兩側從耳後延伸到薦椎突起的一對長條形腺性縱走隆起。

⑪ **腹部**：身體腹面，光滑或有顆粒。

⑫ **薦椎突起**：後背部拱起來的地方。

⑬ **泄殖腔口**：泌尿系統、消化系統及生殖系統的共同出口。

⑭ **體長**：從吻端至泄殖腔口的長度。

⑮ **肋間溝**：有尾目軀幹兩側、位於兩肋骨之間的體表凹溝。

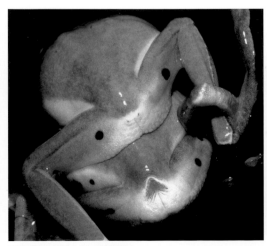

泄殖腔口特寫（中國樹蟾）

楚南氏山椒魚

▲ 中國樹蟾

四肢

⑯ **上臂**：前肢靠近軀幹的一段。

⑰ **前臂**：前肢介於上臂與手的一段。

⑱ **手**：前肢最後一段，兩生類的手部有四指。

⑲ **大腿**：後肢靠近軀幹的一段，又稱為股部。

⑳ **小腿**：後肢介於大腿與足部的一段。

㉑ **足部**：後肢的最後一段，兩生類的足部有五趾。

㉒ **吸盤**：手指及腳趾末端膨大成圓盤狀，腹面增厚成肉墊，可吸附於物體上。

㉓ **蹼**：指（趾）間的皮膜。

雌雄的區分

雄性一般體型比較小，有鳴囊者喉部腹面皮膚較鬆弛，鳴囊部分的顏色通常比較深或有一些深色斑點。雄性前臂比較發達，手掌內側內掌瘤膨大形成婚墊，蟾蜍的第1及2指背面有黑色婚刺，交配時幫助抱緊雌性。有些種類在胸部、腹部或體側也有膨大的腺體，也是為了協助交配。

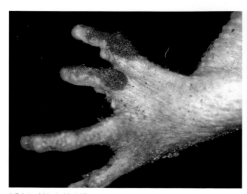

婚刺（盤古蟾蜍）

交配中的梭德氏赤蛙（上方為雄蛙，下方為雌蛙）。

蝌蚪可利用角質齒列數、眼睛及口部位置、尾鰭高低及長度等特徵進行分類。（台北樹蛙）

許多蝌蚪的眼睛位於背部偏側面，屬於背側位。（台北樹蛙）

狹口蛙科蝌蚪眼睛大多屬於側位，視野範圍比較廣，幫助濾食。（小雨蛙）

艾氏樹蛙蝌蚪樹棲性，眼睛位於頭部背面，口部朝前，有利食卵。

蛙類的繁殖與生活史

蛙類到了繁殖期，會成群遷入水域，雄性並發出叫聲。雄性會隨著場合的不同發出不同的聲音，例如建立領域警告其他雄蛙不要接近的領域叫聲、驅逐其他雄蛙或打架時發出的遭遇叫聲、吸引雌性的求偶叫聲、和雌性接觸後的交配叫聲、被其他雄蛙或其他種蛙類抱錯時的釋放叫聲、以及被天敵抓住時緊急發出來的「嘰」壓迫叫聲，雌性會發出釋放叫聲及壓迫叫聲。但不論是哪一種叫聲，每一種蛙類都有其獨特的聲音頻率，具有種類辨識避免雜交的功能。

蛙類的交配方式，大部分是雄蛙抱在雌蛙背部，讓雄蛙及雌蛙的泄殖腔口接近，然後雌蛙排卵，雄蛙排精子，故稱之為「抱接」，因為是體外受精，所以也被稱之為「假交配」。

大家所熟悉的蛙卵發育過程是：圓圓的卵粒包在透明的膠質卵囊中，好像粉圓，卵粒發育成長長的蝌蚪，然後蝌蚪掙脫卵囊孵化出來，開始如同魚兒般的水棲生活。雖然這是典型的蛙卵發育過程，但不是唯一。全世界的蛙類約有7000種，最早的蛙類在兩億年前就已經出現在地球上，在這漫長的演化歷程，讓牠們有機會探索各類棲地，並演化出不同的生存策略。例如有些陸棲性蛙類為了適應完全陸地生活，將卵產在地面，而且不經過蝌蚪期，這種卵在卵囊內直接發育成小蛙的過程稱之為「直接發育」，是特化出來的生殖方式。

不過大部分蛙類都經歷從卵孵化成蝌蚪：蝌蚪先長後腳、再長前腳、之後變態成小蛙的歷程。卵孵化成蝌蚪所需的時間依種類有所不同，有些很快，僅需1～2天，例如小雨蛙、周氏樹蛙等，有些比較慢，例如台北樹蛙需要一星期。蝌蚪在水中生活，用嘴部細細的角質齒啃食石頭上的藻類、水中腐爛的落葉

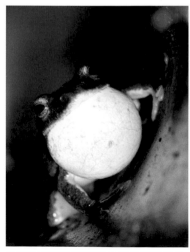

蛙類到了繁殖期雄性會鳴叫吸引雌性（台北樹蛙）

蛙卵圓圓的卵粒包在透明的膠質卵囊中好像粉圓（長腳赤蛙）

或小動物的屍體，狹口蛙的蝌蚪沒有牙齒，以濾食藻類為生。蝌蚪主要以鰓呼吸，但也具有肺，所以偶而也會浮出水面呼吸。蝌蚪期依種類有所不同，例如亞洲錦蛙的蝌蚪期不到20天，非洲牛蛙則可長達1至3年，一般通常在兩個月以內。

大部分蛙類在1歲至2歲時達性成熟，開始進行繁殖。壽命則隨著種類有所不同，以台灣的蛙類為例，面天樹蛙的壽命僅1至2年，台北樹蛙4至5年，亞洲錦蛙6年，非洲牛蛙可長達16年。目前有紀錄的最長壽的蛙類是歐亞大陸常見的大蟾蜍（*Bufo bufo*），壽命可達36歲。

台北樹蛙的一生

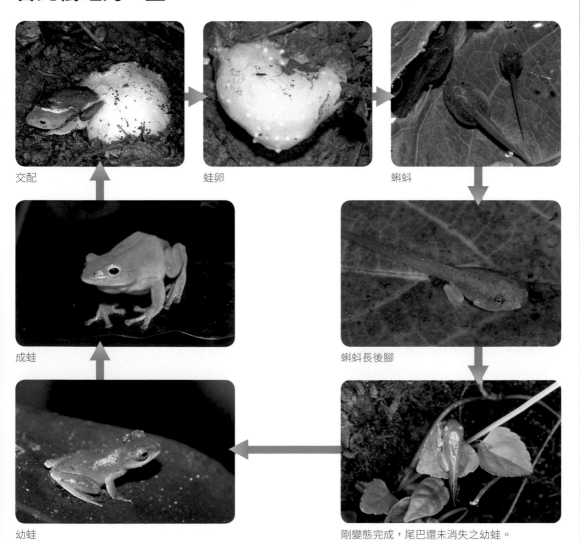

交配

蛙卵

蝌蚪

成蛙

蝌蚪長後腳

幼蛙

剛變態完成，尾巴還未消失之幼蛙。

蛙類的攝食與防禦

成蛙是肉食性，而且以活的、會動的、比牠們嘴巴小的小動物為主食，蒼蠅、螞蟻、蚊子、蚯蚓、蚱蜢、蟋蟀等小動物，是常見的蛙類食物。也有些蛙類體型及嘴巴都很大，很貪吃，例如牛蛙、角蛙，甚至可以吃小型哺乳類、鳥類、烏龜、蛇類及其他的蛙類。

隨著成長，蛙類吃的食物種類也會有所不同，體型越大，能吃的動物種類也就越多。各種蛙類吃的食物種類和棲息的環境有關，例如在地面活動者常以螞蟻為主食，水棲種類則捕食水棲昆蟲。基本上牠們屬於機會主義者，周圍有什麼適合的食物，就吃什麼。但有些種類也會主動尋找適合的覓食地點，例如蟾蜍經常坐在路燈底下等待受燈光吸引而來的昆蟲，不過如果昆蟲數量減少，牠們會離開另尋蟲多的地方棲息，所以有蟾蜍的地方，通常蟲也比較多。

蛙類擁有著名的彈舌捕食機制，舌頭的後端附在下顎前方，前端有黏性，彈舌時，肌肉收縮將舌頭彈出去，將獵物黏回來。但是牠們的舌頭並沒有特別長，頂多身體的四分之一長，不過由於彈舌的速度實在很快，肉眼幾

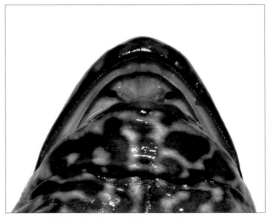

蛙類的上頜有細齒讓入口的獵物不會掉出來（牛蛙）

蝌蚪主要是素食性，有角質齒幫助刮食藻類。

蛙類的大眼睛對會動的東西比較敏感。（斯文豪氏赤蛙）

成蛙是肉食性以小動物為主食（拉都希氏赤蛙捕食蚯蚓）

乎看不到。當獵物體型較大時，例如蚯蚓，牠們也會張口直接捕食。此外，並不是所有的蛙類都有舌頭，例如水棲性的非洲爪蟾沒有舌頭，利用長長的手指將食物撥入口中。

　　蛙類的牙齒不具有咀嚼切割的功能，主要的功能讓入口的獵物不會掉出來，所以通常是細細的一排長在上頜，下頜沒有。蟾蜍更是無齒之徒，上下頜都沒有牙齒。而在吃比較大的食物時，也會用手協助塞進嘴裡，蟾蜍甚至會用手撥除沾在蚯蚓上的細沙，以利消化。

　　蛙類常見的天敵包括蛇類、大型的蛙類、鳥類及人類等。蟾蜍雖然有毒，但有些蛇類，例如眼鏡蛇、紅斑蛇等，能分解蟾蜍的毒液所含的蟾蜍鹼，所以經常捕食蟾蜍。有些猛禽，例如大冠鷲及貓頭鷹，雖然無法分解蟾蜍鹼，但懂得剝皮吃肉，成為蟾蜍的天敵之一。而且有些大冠鷲還發展出夜間守在路燈上捕食蟾蜍的現象，形成蟾蜍捕蟲、猛禽在後的特殊食物鏈。此外，也見過螃蟹捕食蛙卵及蝌蚪，並成群合力攻擊成蛙。紅娘華不僅捕食蝌蚪，也會捕食青蛙。蛙類生活在潮濕的地方，吸血的水蛭當然不會放過牠們。蛙類吃蚊子，蚊子也會叮咬蛙類！蛙類的天敵，大大小小還真不少，蛙類是食物網中重要的成員，不管牠們是吃與被吃，在維持生態體系的平衡都扮演重要的角色。

　　皮膚的毒腺是兩生類最重要的防禦武器，但除了部分的箭毒蛙、蟾蜍有致死的毒

青蛙的大腿內側常有醒目的顏色或特殊花紋，當逃跑時突然露出來可以迷惑隨後追捕的天敵。（布氏樹蛙）

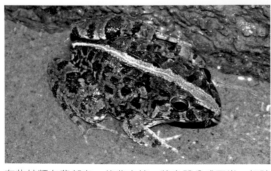

有些蛙類在背部有一條背中線，將身體分成兩半，打破身體原有的輪廓。（澤蛙）

蛙類身上有保護花紋，例如在頭部橫過眼睛及鼓膜有深色紋路。（中國樹蟾）

螃蟹也是蛙類的天敵

盤古蟾蜍的耳後腺分泌毒液

蟾蜍雖然有毒但有些蛇類能分解蟾蜍的毒液（紅斑蛇捕食蟾蜍）

性，大部分的蛙類都僅能藉皮膚的保護色或保護花紋做被動的防禦。保護色最佳的例子就是許多棲息在樹上的樹蛙背部呈現綠色，在地上活動的赤蛙則以褐色或棕色調為主，這都是為了和環境顏色相配合，達到隱蔽的效果。

某些青蛙的大腿內側有醒目的顏色或特殊花紋，而且僅在跳躍或游泳時露出來。當青蛙逃跑時，突然露出不一樣的顏色或花紋，將使隨後追捕的天敵感到迷惑，以為把獵物追丟了呢。

許多蛙類身上有保護花紋，例如在頭部的眼睛及鼓膜有深色縱帶，看起來像戴著黑眼罩，這是為了保護眼睛和鼓膜，避免遭受攻擊。

有些蛙類的四肢有深色橫紋、體側有縱向花紋、或者在背部中央有一條淺色背中線將身體分成兩半，這種花紋主要是為了打破身體原有的輪廓，干擾天敵本能的覓食印象。

蛙類的移動與活動

蛙類的四肢和身體相接的方式屬於比較原始的狀態，膝或手關節落在身體外側，無法將軀幹抬高離開地面，因此以腹部貼地爬行的方式走路，走起來慢而且不靈活。因此跳躍成為蛙類最主要的活動方式，蛙類修長的後肢是名符其實的彈簧腿，蛙類平常坐著的時候，足部、小腿、大腿折疊在一起，就好像壓住的彈簧，隨時準備往前彈跳。落地的時候，短而強壯的前肢先著地，減輕落地後的衝擊力。一次青蛙跳的距離可達體長的三十倍，相當於一個小朋友跳過一個操場的距離，難怪經常僅能眼睜睜的看著青蛙在眼前跳走，很難追得到。

蛙類遇到敵人時，通常本能的跳進草叢或水裡，尤其跳進水裡之後，常常會先潛水，然後游泳逃脫。蛙類在跳入水中的時候，會將瞬膜（蛙鏡）蓋起來，以保護眼睛。牠們的腳趾間通常有蹼，能幫助游泳，就是蛙鞋。當

樹蛙的指（趾）端有吸盤協助攀附在枝葉上（布氏樹蛙）

蛙類腳趾間通常有蹼能幫助游泳（中國樹蟾）

然蛙類游的是蛙式，但牠們的後腳比我們有力多了，游泳時僅需用後腳踢，不必用手划水。

　　許多樹棲型的樹蛙，不僅後腳有蹼，前肢趾間的蹼也很發達，功能如同降落傘，在跳出去時張開，協助他們在樹林間滑翔。樹蛙的指（趾）端有吸盤，吸盤腹面的肉墊會分泌黏液，協助攀附在枝條上。此外，手指、腳趾及掌心都有許多突起，可以增加摩擦力，讓牠們靈巧的在樹上攀爬。有些陸棲性種類後腳的蹠突特別發達，好像鏟子般，能協助牠們挖洞躲藏。

蛙類修長的後肢是名符其實的彈簧腿（斯文豪氏赤蛙）

大部分的蛙類在晚上活動，主要棲息在陰暗潮濕離水不遠的地方。牠們是體溫隨著外界環境而變的外溫動物，因此多半分布在溫暖的熱帶及亞熱帶地區，大多居住在平地及低海拔的山區。在寒冷的季節，蛙類會在土裡或水底挖洞冬眠。冬眠時，停止進食，體溫及代謝下降。夏天太熱的時候，蛙類也會躲起來減少活動，甚至會有夏眠的情況。台灣的36種蛙類，也大多分布於平地及低海拔的山區，中高海拔山區比較不容易見到牠們的蹤跡。每

樹蛙冬天常躲在樹洞中，減少水分散失。

樹蛙休息時會將四肢緊靠身體形成保水姿勢，以減少水分散失。（台北樹蛙）

大部分的蛙類在晚上活動，白天棲息在陰暗潮濕的地方。（台北樹蛙）

種蛙類偏好的溫度範圍有所不同,溫度也影響其繁殖活動。氣溫隨著海拔高度的上升而遞減,同一物種在不同海拔的繁殖季可能有所差異。

　　周文豪博士根據蝌蚪的外部形態、口部特徵及生態習性,將台灣的蝌蚪分成十種生態表型,包括靜水底棲型、靜水懸泳型、食懸浮粒子者、靜水浮泳型、肉食型、樹棲型、流水底棲型、流水攀附型、流水攀吸型及流水腹吸型。

台北樹蛙蝌蚪屬於靜水底棲型

布氏樹蛙蝌蚪屬於靜水懸泳型

黑蒙西氏小雨蛙蝌蚪屬於靜水浮泳型、濾食

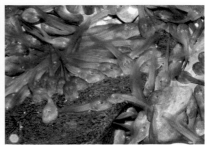

梭德氏赤蛙蝌蚪屬於流水腹吸型

蛙類的棲地

蛙類雖然過的是水陸兩棲生活，但不同的種類對水的需求及仰賴程度不盡相同，台灣的蛙類依生活的棲地可分成水棲性、兩棲性及陸棲性三大類。水棲性蛙類是終年住在水裡的種類，例如福建大頭蛙；兩棲性蛙類是白天住在陸地晚上到水邊覓食的種類，例如溪邊常見的斯文豪氏赤蛙；陸棲性蛙類則是在離水域不遠的樹林底層、草叢、灌叢或住家附近活動，例如蟾蜍。而陸棲性蛙類中，

有些種類特別喜歡在樹上活動，例如綠色樹蛙白天常躲在遮蔽良好的葉片背部或基部睡覺，晚上則爬到葉面或樹枝覓食。此外，樹洞和竹洞也是樹蛙棲息的好場所。

繁殖場所

蛙類在繁殖季節的時候，會從平常棲息的地方遷移到水域繁殖。台灣蛙類繁殖的場所，根據水域的型態不同，可分成流水型、

福建大頭蛙是屬於水棲性

黑眶蟾蜍是屬於陸棲性

翡翠樹蛙在樹上鳴叫，也在樹上產卵。

台灣的蛙類絕大多數是利用靜水型的繁殖場所，例如史丹吉氏小雨蛙。

斯文豪氏赤蛙是兩棲性蛙類

靜水型、陸地型及樹棲型。大部分的樹蛙屬於陸地型及樹棲型，例如翡翠樹蛙、橙腹樹蛙及艾氏樹蛙主要在樹上鳴叫，也在樹上產卵；諸羅樹蛙及面天樹蛙則在樹上鳴叫，在地面產卵；台北樹蛙及莫氏樹蛙則主要在地面鳴叫及產卵。流水型可分成溪流及溝渠緩流型，溪流產卵的種類有盤古蟾蜍、梭德氏赤蛙、斯文豪氏赤蛙及褐樹蛙；溝渠緩流型的有福建大頭蛙及周氏樹蛙。台灣的蛙類絕大多數屬於靜水型，蛙類利用的靜水域種類非常多元，包括池塘、沼澤等永久性水域，以及水田、路邊積水、水溝積水等暫時性水域，農田常見的黑眶蟾蜍、澤蛙、虎皮蛙、貢德氏赤蛙、小雨蛙都屬於靜水型。

蛙類的表皮潮濕裸露僅有輕微的角質化，具有透水性，表皮無法阻止水分蒸發，為了減少蒸發，大部分的蛙類在晚上活動，主要棲息在陰暗潮濕離水不遠的地方，環境濕度越高出現的蛙種數越多。蛙類主要藉皮膚吸收水分，但各部位的皮膚對水的通透性不同，背部皮膚通常比較粗糙或有些顆粒，以減少水分散失；腹部皮膚比較光滑，其中大腿內側皮膚最細緻，並富含微血管，是蛙類最主要吸收水分的部位。當蛙類坐在草叢中或潮濕的地面，就能藉腹部皮膚吸收水分，若坐在乾燥的水泥地面，不但不能吸收水分，還會不斷蒸發，這也說明為何水泥化環境不利蛙類生存。

蛙類與人類關係

蛙類用皮膚呼吸，蝌蚪在水中生活，都直接與自然環境接觸，也迅速反應各種環境變化，是環境監測的利器。蛙類是從事保育教育的良好題材之一，因為牠們數量多、容易接觸，不論在都市、鄉野、小溪或山林都可以見到他們的蹤影。蛙類以一般人認為有害的昆蟲為食，是生物防治的重要例證，容易引起大眾認同。

從調節、供給、支持及文化四項生態系統提供的服務觀點，也可以呈現出蛙類提供的生物多樣性服務。

調節：蛙類成體為肉食性，以活的昆蟲等小型動物為主要的食物來源，自古以來，蛙類就是農民控制田間害蟲的好幫手，宋朝曾嚴禁捕食青蛙，因為當時已經發現蛙類是農作物害蟲的天敵。蛙類幼體蝌蚪以水中的浮游

自古以來蛙類就是農民控制田間害蟲的好幫手（莫氏樹蛙）

蛙類是鳥類的重要食物來源（李承恩攝）

蛙類很容易親近與觀察

台灣自然圖鑑

貓頭鷹出版隆重推出

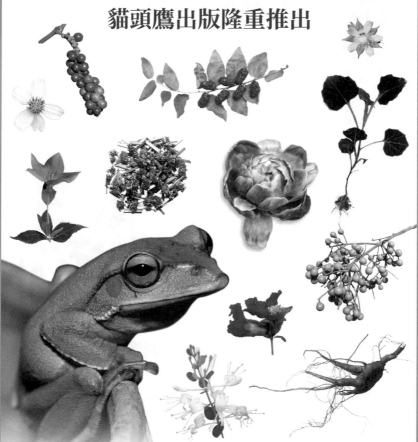

台灣自然圖鑑書系包含水果、行道樹、蛙類、台灣蝴蝶食草植物、台灣傳統青草茶植物等包羅萬象的自然主題，收錄最新、最完整的圖鑑條目，帶你探索生活中的大驚奇！

台灣原生植物全圖鑑第一卷
蘇鐵科──蘭科(雙袋蘭屬)
本卷收錄蘇鐵科──蘭科(雙袋蘭屬)植物共534種。

定價：2200 元

台灣原生植物全圖鑑第二卷
蘭科(恩普莎蘭屬)──燈心草科
本卷共收錄7科555種植物，包含難以分類的莎草科、水生植物穀精草科。

定價：1800 元

台灣原生植物全圖鑑第三卷
禾本科──溝繁縷科
第一本完整記錄台灣禾本科的圖鑑。依序介紹禾本目、鴨跖草目、薑目、金魚藻目至黃褥花目的溝繁縷科為止，共收錄39科620種植物。

定價：2400 元

蛙類與人類的生活密切也非常討喜

甲骨文的蛙字

說文解字中的各種蛙字

生物為食，可以協助控制藻類大量孳生，有淨化水質的功能。

供給：在台灣早年經濟不發達的農業時代，野生蛙類是很好的蛋白質食物來源，除了提供人類食用，還可以餵養雞鴨，現在則以人工飼養的美洲牛蛙作為食材，也是農村經濟來源。除了食用，蛙類還有藥用價值，取蟾蜍的耳後腺及皮膚腺分泌物可加工製成蟾酥，為傳統中藥材，日本的心臟病藥「救心」就含有蟾酥的成分，有強心的功效。蛙類皮膚能分泌天然的抗生素，是未來新抗生素的來源。箭毒蛙的皮膚毒素可以提煉製成肌肉鬆弛劑，也是重要的醫學研究模式動物。蛙類是教學及研究的重要模式動物，尤其是養殖的美洲牛蛙，在生物實驗中不可或缺。

支持：蛙類是鳥類、蛇類及小型哺乳類動物的重要食物來源，也捕食各種小動物，在食物網中扮演重要的角色。蛙類的排泄物及屍體分解後，是土壤的營養鹽來源之一，可促進養分循環。

文化：蛙類約在兩億年前演化出來，全球約有7000多種蛙類，除了南極太冷之外，各大洲都有蛙類的分布，蛙類與人類的生活非常密切，也發展出各種傳說。例如三腳蟾蜍有招財的象徵，有「劉海戲金蟾，一步一吐錢」之說；蟾蜍曾協助布農族人取火，有救命之恩，布農族人尊稱蟾蜍為TAMAHUDAS，其地位如同曾祖父。

台灣的蛙類

現今台灣蛙類的祖先是來自中國大陸，牠們利用冰河期海水面下降台灣和大陸相連結的機會，從大陸遷移到台灣。有些種類來自溫暖的南方，例如樹蛙，主要分布在台灣中低海拔地區。有些種類的祖先來自大陸的北方，適應較涼的氣候。

台灣非常適合蛙類的生存，從沿海小島到3000公尺的高山，不論在水泥叢林般的都市、整齊劃一的稻田、鬱鬱蒼蒼的森林、清涼的溪流、還是暖暖的溫泉，不管在寒冷的冬天或者酷熱的夏天，只要是有水、有遮蔽的地點，都是牠們生長棲息的好地方。

台灣的蛙類共有36種，根據外部形態、內部骨骼結構及蝌蚪型態，可以分成6科。其中種類最多的是樹蛙科，有14種，樹蛙的指（趾）端膨大成吸盤狀，有利於牠們在樹上活動。有些樹蛙身體背面綠色，非常美麗可愛，例如台北樹蛙、翡翠樹蛙；但也有褐色的樹蛙，例如褐樹蛙等。赤蛙科有10種，大多有修長的後腿、善於跳躍，通常在地面活動，因此身體的顏色通常呈褐色或夾雜一些綠色，以便和地表顏色相混合，例如生物實驗用的美洲牛蛙、平地常見的拉都希氏赤蛙等。又舌蛙科是從赤蛙科分出來，外型和赤蛙科很像，例如稻田常見的澤蛙、虎皮蛙等。狹口蛙科是頭小、身體圓胖的一群可愛的蛙類，台灣有5

依地名命名：盤古蟾蜍（蟾蜍科）

依地名命名：中國樹蟾（樹蟾科）

依特徵命名：翡翠樹蛙（樹蛙科）

依地名命名：亞洲錦蛙（狹口蛙科）

依人名命名：梭德氏赤蛙（赤蛙科）

種，其中體長約2公分的黑蒙西氏小雨蛙是台灣產蛙類中體型最小的種類。蟾蜍科的皮膚有毒，牠們身體布滿的大大小小的疙瘩、以及眼睛後面特別突起的耳後腺，都是毒腺集中的地方，也是牠們的特徵，台灣共有2種。中國樹蟾屬於樹蟾科，牠的外形像綠色樹蛙，有吸盤，在樹上活動，但內部骨骼結構和蟾蜍類似，所以稱之為樹蟾，樹蟾科的成員台灣僅有中國樹蟾1種。

　　台灣36種蛙類的命名有的是根據外型

特徵，例如黑眶蟾蜍、小雨蛙、腹斑蛙、金線蛙、長腳赤蛙、虎皮蛙、翡翠樹蛙、橙腹樹蛙、褐樹蛙等，有些根據地名，例如台北赤蛙、台北樹蛙、面天樹蛙、諸羅樹蛙、中國樹蟾等，有些則根據叫聲，例如美洲牛蛙、豎琴蛙，有的根據生態習性，例如澤蛙、海蛙，最難記得的是根據人名，例如拉都希氏赤蛙、太田樹蛙、周氏樹蛙等，這些蛙名中大都有「氏」這個字，代表人名。

蛙類的保育

從1980年以來，許多科學家持續關注全球兩棲類族群減少的議題，2014年12月Nature News發表的有關物種快速滅絕一文指出，1957種（41%）受評估的兩棲類面臨滅絕的威脅，是所有生存受威脅的生物中最危急的一群。造成物種滅絕的原因包括：利用、棲地退化及改變、棲地消失、氣候變遷、外來入侵種、汙染及疾病，其中以利用、棲地退化及改變為最大的威脅，各占37%及31%的比重。

在台灣，從海平面到3000公尺高山都能發現蛙類的蹤跡，蛙類棲息的環境也非常多樣，包括都市、稻田、平原、池塘、森林、溪流等，容易觀察及接近，是最佳的保育教育教材。但隨著台灣經濟發展，以往常見的蛙類，也越來越少了，亟需保育措施。

傳統的保育方式是政府主導由上往下，根據野生動物保育法，將數量稀少、分布局限或有獵捕壓力的物種訂為保育類，不能騷擾及獵捕，2018年公布的保育類蛙類包括橙腹樹蛙、諸羅樹蛙、台北樹蛙、翡翠樹蛙、台北赤蛙、金線蛙、豎琴蛙等7種，也劃設保育台北赤蛙的高榮野生動物保護區。台灣特有生物研究保育中心在2017年公布台灣兩棲類紅皮書，將豎琴蛙、台北赤蛙、諸羅樹蛙、橙腹樹蛙、史丹吉氏小雨蛙、台北樹蛙列為台灣受脅兩棲類物種，金線蛙、長腳赤蛙、翡翠樹蛙列為台灣接近受脅類別之兩棲類物種。

但許多蛙類棲息在人類持續干擾的開墾地及私人土地，很容易因棲地破壞或污染而消失，這需要提高民眾對蛙類的認識，瞭解保育蛙類對人類的重要性，才能產生由下往上的草根性保育行動。

公民科學是指志工參與科學計畫，參與科學研究的志工稱為公民科學家，公民科學家協助收集數據，科學家分析及發表數據。公民科學可提高參與者的科學知識與素養，有助大眾覺知生物多樣性遭受的威脅，促進公眾的參與及協助擬定保育政策。有鑑於此，東華大學兩棲類保育研究室從2003年開始進行公民科學計畫，組成兩棲類保育志工團隊，展開全台灣定期定點的兩棲類野外調

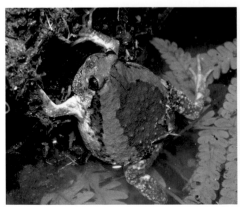
亞洲錦蛙亦為台灣的外來種

生病的莫氏樹蛙

台北赤蛙為台灣保育類蛙類之一

查及監測。建置台灣兩棲類保育網（www.froghome.org）回報調查結果及建立資料庫，並在FB臉書社群網站成立台灣兩棲類保育志工社團，提供志工交流機會。每年召開志工大會發表監測結果，希望藉由志工團隊的調查，迅速累積台灣兩棲類資料及推動生物多樣性保育。2018年已超過60個團隊、參與志工超過600人，調查樣區遍布全台灣。2018年調查資料庫內的資料超過23萬筆，是監測台灣兩棲類族群變化趨勢的重要資料庫。2019年成立台灣兩棲類動物保育協會，以鼓勵更多的民眾加入兩棲類保育行列。

「SAVE THE FROGS！」組織鼓勵大家上網登錄各項拯救青蛙日活動，分享活動成果。2009 年至 2017 年，共登錄 57 個國家、1200 場以上的活動，活動內容包括抗議美國環保署無法禁用干擾內分泌系統的有害殺蟲劑、遊行、青蛙藝品及照片展示、棲地復育、教育民眾認識當地兩棲類、演講等。為了呼應拯救青蛙日活動，台灣兩棲類保育志工團隊從 2017 年開始，於 4/28～30 舉辦第一屆台灣青蛙日，鼓勵志工團隊辦理各項活動，以臉書社團「台灣兩棲類保育志工」為平台，分享成果。2018年辦理第二屆，未來將持續辦理。

志工也積極參與外來種斑腿樹蛙的控制，斑腿樹蛙原產於華南、香港、印度、越南等地，2006年才出現在台灣的彰化及台中，牠們的趾端有吸盤可攀附在植物上，其卵塊呈泡沫狀也可黏附在植物體上，很容易伴隨著園藝植物而移動。也因此，在牠們剛入侵時，呈點狀、跳島式的分布型態，主要出現在園藝行、公園、農場、學校生態池等地。從2011年開始，林務局、東華大學自資系兩棲類保育研

斑腿樹蛙入侵後憑仗著適應力佳繁殖力高，很快就成為優勢種蛙類。

研究室及兩棲類保育志工開始進行斑腿樹蛙的監測及移除工作，雖然投入了大量的人力，斑腿樹蛙還是持續擴散到屏東、台北、新北、新竹、苗栗、雲林、南投、嘉義、基隆、宜蘭等地；斑腿樹蛙一旦入侵之後，憑仗著適應力佳、繁殖力高，很快就成為優勢種蛙類，對共域的蛙類生存造成嚴重威脅。控制成果並非一蹴即成，需要有持久戰的決心。在族群量高的地區，根除可能不易，但對於剛入侵的地點，還是有機會加以根除，也就是早期發現早期治療的概念。民眾若發現疑似斑腿樹蛙，可利用台灣兩棲類保育網（www.froghome.org）或外來種斑腿樹蛙監測臉書社團通報，由學術單位協助確認，之後由當地縣市政府及保育組織合作，一起培訓志工進行長期移除控制。

和青蛙作朋友守則

- 多認識牠們，找找看住家周圍有那些蛙類。
- 聆聽蛙鳴，感覺牠們的喜怒哀樂。
- 告訴朋友你喜歡蛙類，並鼓勵他們一起幫助蛙類。
- 保存住家周圍的濕地。
- 多種樹，保存綠地與森林。
- 師法自然，減少水泥化。
- 不捕捉或戲弄蛙類。
- 不購買任何蛙類。
- 不吃野生蛙肉。
- 不用農藥或殺蟲劑。

台灣兩棲類保育網

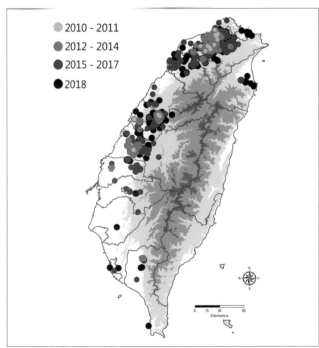

斑腿樹蛙入侵台灣後，族群快速擴散。

控制外來種斑腿樹蛙需要大家一起合作

歡迎加入台灣兩棲類保育志工行列

蛙類的研究與觀察

研究

　　最近30年，由於政府及民間團體積極推動生態保育，蛙類的學術研究逐漸蓬勃發展，研究題材包括分類、型態、行為、生態、族群結構、群聚結構、生物地理學等，並培養出許多碩博士人才。一般大眾對蛙類的認識，也由陌生轉變成好奇，甚至組成兩棲類保育志工團隊協助監測。

　　自2015年開始，藉由蛙類調查比賽的活動方式，號召台灣各地的兩棲類保育志工，聚集在同一區域進行調查，以蒐集更完整的調查資料。並進行活動成果發表與頒獎，達到各區兩棲類保育志工深度交流及增能的目的。2015～2018曾在苗栗、台南、雙北、台東辦理，成效良好，相關成果請參考台灣兩棲類調查資訊網（http://tad.froghome.org/）。

　　2014年底，在科技部召集之下，國內許多兩棲類學者參考2006～2014年志工調查結果及其他資料庫資料，劃設台灣蛙類生物多樣性熱點，範圍包含雪山山脈北段、蘭陽平原周遭山區、阿里山山脈、海岸山脈北段、南台東山區。這是台灣第一個陸域生物多樣性熱點，並從2015年8月開始，在科技部整合性計畫支持之下，開始結合志工及兩棲類學者，調查各熱點的族群特徵與群聚結構多樣性，探討各物種如何利用及適應環境，進而影響該地區的蛙種群聚組成；並評估在氣候變遷衝擊下，蛙類族群的適應性與脆弱度，以作為保育優

蛙類為外溫動物，皮膚必須保持潮濕幫助呼吸，容易受氣候變遷影響。

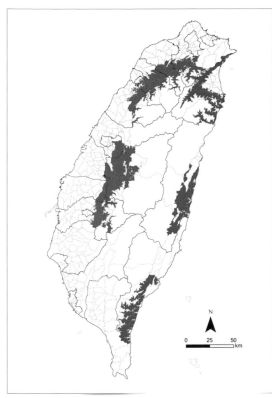
台灣蛙類生物多樣性熱點範圍

台灣的蛙類主要分布在海拔500公尺以下的山區

拉都希氏赤蛙是台灣分布最廣的蛙類

先性及策略參考。

　　自2006年至2015年累積167439筆調查資料，這些長期監測的資料，足夠作為評估台灣各地蛙類變化趨勢的基礎資料。2015年調查範圍涵蓋了18個縣市，若將調查資料轉化成2km×2km的方格系統，全台灣共計有433格，佔台灣面積約5%。2015年各種蛙類在此方格系統的分布方格數，以拉都希氏赤蛙（236格）、澤蛙（228格）、黑眶蟾蜍（222格）較多，豎琴蛙（1格）、海蛙（1格）較少。蛙種數高（>15種）的樣區集中在雪山山脈北段、蘭陽平原周遭山區與阿里山山脈北段，與過去比較變化不大。 從2011年至2015年，台灣全島共計52個樣區已完成連續5年、每年4季的調查，分析這些樣區歷年的蛙種數可了解台灣各地蛙類變化趨勢。52個樣區中有9個（17.3%）的蛙種數下降，38個（73%）維持不變，蛙種減少的樣區集中在雲嘉南地區。

觀察時間

　　白天或晚上都可以，白天可以觀察卵塊及蝌蚪，用翻石頭的方式尋找山椒魚，晚上則觀察成體的行為及活動。不過在生殖高峰期的時候，尤其在下雨天，成體會特別活躍，隨時都可能看到牠們。

裝備及注意事項

　　手電筒、雨鞋、帽子和棍子是建議配備，

手電筒、雨鞋、帽子和棍子是賞蛙建議配備

因為兩生類主要在晚上活動,大多棲息在水溝、樹林或山澗溪流等陰暗潮濕的地方,在找牠們的時候,頭可能會碰到蜘蛛等小動物,腳可能會踩在水裏或爛泥巴裏。棍子除了可以撥出躲在落葉堆中青蛙之外,還可以打草驚蛇。

紀錄方式

1. 隨手記

隨手在紀錄簿上紀錄日期、時間、地點、天氣、氣溫、環境、海拔高度、調查者等基本項目,以及蛙種、出現地點、數量、行為、是否有卵或蝌蚪等詳細資料描述。除了文字描述之外,也可以利用繪圖、攝影、錄音等方法紀錄。

2. 紀錄表

可在台灣兩棲類調查資訊網下載紀錄表,並和台灣蛙類愛好者一起分享賞蛙情報。

3. 台灣蛙類圖鑑APP

將調查資料直接上傳台灣兩棲類調查資訊網。

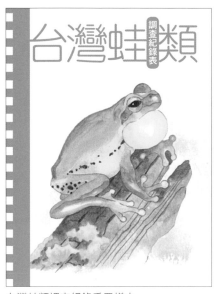

台灣蛙類調查紀錄手冊樣本

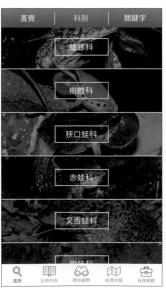

可利用台灣蛙類圖鑑APP上傳台灣兩棲類調查資訊網

台灣蛙類圖鑑APP可查詢蛙類及聲音

蛙類定點調查紀錄表 2014/5/22

*為必填的項目

*日期： _____　　*起訖時間： ____ : ____ ~ ____ : ____　　*調查者： _____

*地點： _____　（海拔： ____ m) *座標： _____

*天氣：□晴 □多雲 □陰 □小雨 □大雨　　氣溫： ____ ℃　水溫： ____ ℃　濕度： ____ %

*環境記錄：□高山草原 □針葉林 □混生林 □闊葉林 □墾地 □草原

*樣區描述： _____

*微棲地類型：(請圈選樣區的微棲地類型)　　　　　　樹　　木：11.喬木 12.灌木 13.底層 14.竹子

流動水域：1. <5m 2. >5m 3.山澗瀑布　　　　　草　　地：15.短草 16.高草

永久性靜止水域：4.水域 5.岸邊 6.植物　　　　人造區域：17.邊坡 18.乾溝 19.建物 20.車道 21.步道 22.空地

暫時性靜止水域：7.水域 8.岸邊 9.植物 10.植物積水　　其　　他：23.其他(請在備註欄說明)

*種類	*生活型態	*微棲地	*數量		成體行為	備註
			目視	鳴叫		

生活型態：
　　1.卵塊 2.蝌蚪 3.幼體 4.雄蛙 5.雌蛙
　　6.成蛙(無法分辨雌雄)

成體行為：
　　2.聚集 3.鳴叫 4.築巢 5.領域 6.配對
　　7.打架 8.護幼 9.單獨 10.攝食 11.休息 12.屍體

蛙類速查檢索表

　　本表主要協助讀者利用外型特徵快速鑑定不同物種。依照蛙類外型的四大特徵，直覺性查詢在野外所見到的蛙類。因為是依據外型，和分類系統並不一致，僅能作為參考。

　　以外型特徵作為鑑別重點，可大致將蛙類動物區分為以下四大類：

身體三角形

嘴巴與體型較小，體型也較為圓胖，常見於狹口蛙科的成員。

亞洲錦蛙 **p.56**　　巴氏小雨蛙 **p.60**　　小雨蛙 **p.64**　　黑蒙西氏小雨蛙 **p.68**　　史丹吉氏小雨蛙 **p.72**

身體修長後肢發達

具有相對修長的體型與彈簧般的後腿，屬於赤蛙科與叉舌蛙科的特徵。

有背側褶

　　　　　　　　　　　　　　　拉都希氏赤蛙 **p.76**　　腹斑蛙 **p.88**　　豎琴蛙 **p.92**

台北赤蛙 **p.80**　　金線蛙 **p.100**　　長腳赤蛙 **p.104**　　梭德氏赤蛙 **p.108**　　貢德氏赤蛙 **p.112**

背側褶不連續或無背側褶

 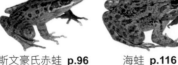 

美洲牛蛙 **p.84**　　斯文豪氏赤蛙 **p.96**　　海蛙 **p.116**

澤蛙 **p.120**　　虎皮蛙 **p.124**　　福建大頭蛙 **p.128**

有毒腺

在眼後兩側有明顯的大型突起，內有毒腺會分泌有毒液體，是蟾蜍科的主要特徵。

盤古蟾蜍 **p.44**　　　　　　黑眶蟾蜍 **p.48**

腳趾有明顯的吸盤

手指與腳趾末端有發達的肉墊，可吸附於物體上，有助於攀爬，是樹蛙科與樹蟾科的重要特色。

綠色

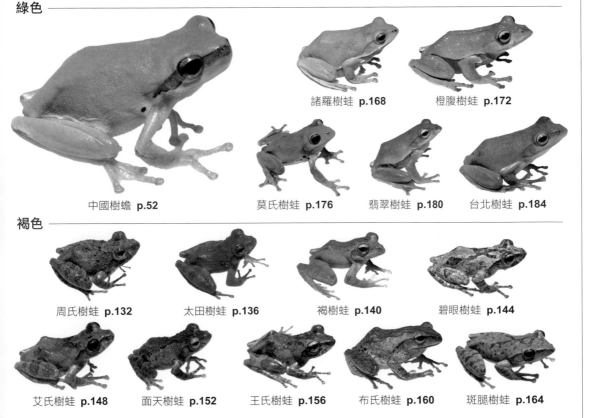

諸羅樹蛙 **p.168**　　橙腹樹蛙 **p.172**

中國樹蟾 **p.52**　　莫氏樹蛙 **p.176**　　翡翠樹蛙 **p.180**　　台北樹蛙 **p.184**

褐色

周氏樹蛙 **p.132**　　太田樹蛙 **p.136**　　褐樹蛙 **p.140**　　碧眼樹蛙 **p.144**

艾氏樹蛙 **p.148**　　面天樹蛙 **p.152**　　王氏樹蛙 **p.156**　　布氏樹蛙 **p.160**　　斑腿樹蛙 **p.164**

蝌蚪速查檢索表

蛙類動物的幼體稱為蝌蚪，棲息在不同狀態的水體當中。本表依蝌蚪的眼睛位置與生態習性兩大特徵分類，供讀者快速判斷所見的蝌蚪種類。

依照眼睛位置可大致將蝌蚪分為以下三大類：

眼睛側位

由正上方觀察時，可看見蝌蚪的眼睛位於頭部兩側，略突出於體側輪廓。

食懸浮粒子

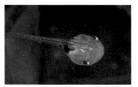

小雨蛙 **p.64**

史丹吉氏小雨蛙 **p.72**

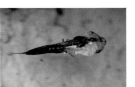

巴氏小雨蛙 **p.60**

亞洲錦蛙 **p.56**

靜水浮泳型、濾食 ── ### 靜水懸泳型

黑蒙西氏小雨蛙 **p.68**

中國樹蟾 **p.52**

布氏樹蛙 **p.160**

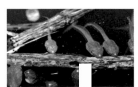

斑腿樹蛙 **p.164**

眼睛背側位

眼睛位置介於背位與側位之間，是最常見的類型。

靜水懸泳型、眼睛靠近兩側 ──────────── ### 靜水底棲性深水型 ──

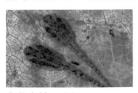

台北赤蛙 **p.80**

金線蛙 **p.100**

貢德氏赤蛙 **p.112**

腹斑蛙 **p.88**

靜水底棲性深水型 ──

美洲牛蛙 **p.84**

莫氏樹蛙 **p.176**

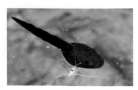

翡翠樹蛙 **p.180**

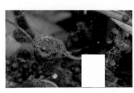

黑眶蟾蜍 **p.48**

眼睛背側位

靜水底棲性淺水型

豎琴蛙 **p.92**

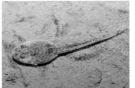

長腳赤蛙 **p.104**

拉都希氏赤蛙 **p.76**

台北樹蛙 **p.184**

面天樹蛙 **p.152**

諸羅樹蛙 **p.168**

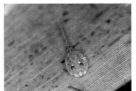

澤蛙 **p.120**

海蛙 **p.116**

肉食型、靜水底棲型　流水底棲型

虎皮蛙 **p.124**

周氏樹蛙 **p.132**

太田樹蛙 **p.136**

福建大頭蛙 **p.128**

流水攀附型、黑色聚集　流水攀吸型

盤古蟾蜍 **p.44**

褐樹蛙 **p.140**

眼睛背位

眼睛位置位於頭部上方，較為向內側集中。

流水攀吸型　　流水腹吸型

斯文豪氏赤蛙 **p.96**

梭德氏赤蛙 **p.108**

眼睛背位

樹棲型、吻端截鈍　　　　　　　　　　　靜水底棲型

碧眼樹蛙 **p.144**

艾氏樹蛙 **p.148**

王氏樹蛙 **p.156**

橙腹樹蛙 **p.172**

蟾蜍科 BUFONIDAE

廣泛分布於全世界，但澳洲的海蟾蜍是從美洲引入的外來入侵種。約有52屬617種（AmphibiaWeb, 2019），台灣有2屬2種。蟾蜍有耳後腺，胸骨擔弓形，脊椎骨前凹形。蝌蚪有一個出水孔在腹面左側，有角質齒。

蟾蜍科 Bufonidae	*Bufo bankorensis* Barbour, 1908	一般類，普遍

盤古蟾蜍 Central Formosan toad 特有種

　　盤古蟾蜍個體之間的體型差異很大，雌蟾明顯地比雄蟾大很多。身體背部的顏色及花紋變化多端，身上有許多疣，眼後有一對耳後腺。耳後腺和疣都能分泌毒液，但除非是受到很大的刺激，否則牠們不會分泌毒液。

　　晚上喜歡守候在步道、空地、路燈等比較亮、蟲比較多的地方覓食，也喜歡在住宅或農耕地附近捕食昆蟲。在繁殖季節的時候，雄蟾不會主動發出叫聲吸引雌蟾，而是一起聚集到水域，由雄蟾主動追求雌蟾。雄蟾之間的競爭非常激烈，經常出現多隻雄蟾爭先恐後抱一隻雌蟾的現象，有時也會出現雄蟾誤抱雄蟾的情況，此時被錯抱的雄蟾會發出「勾、勾、勾」的釋放叫聲。

耳後腺，可分泌毒液。

身上有許多疣

鼓膜不明顯。

▲ 雄體

體長6至20公分	陸棲為主	夜行性	棲地為靜水池、溪流、住家附近

特徵 盤古蟾蜍身體背部的顏色及花紋變化多端，體色有紅色、褐色或黑褐色。牠們的身上有大大小小的疣，眼後有一對大型突出的耳後腺。

繁殖 每年的九月到次年二月會遷移到溪流、水池等水域進行生殖活動。

分布 台灣平地到3000公尺的高山

俗別名 盤谷蟾蜍、台灣蟾蜍、癩蛤蟆

盤古蟾蜍身體背部的顏色及花紋變化多端，體色有紅色、褐色或黑褐色。

盤古蟾蜍受刺激時，經常會鼓氣，並做伏地挺身，表示說：「我有毒，不要靠近。」

受到大刺激時，耳後腺會分泌白色毒液。

晚上喜歡守候在步道、空地、路燈等比較亮、蟲比較多的地方覓食。

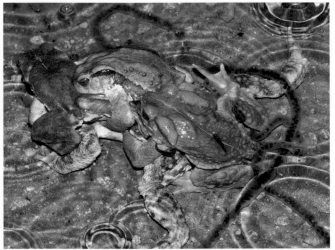

雄蟾之間的競爭非常激烈，經常出現多隻雄蟾爭先恐後抱一隻雌蟾的現象。

相似種鑑別

黑眶蟾蜍

鼓膜明顯，趾端黑色

生活史 Life Cycle

卵與蝌蚪 Eggs and Tadpoles

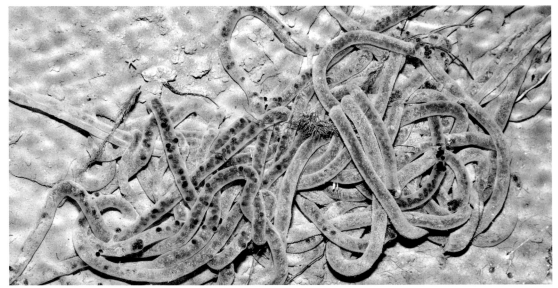

卵串長度可達10公尺，約5000多顆卵粒。

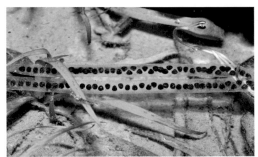

成對的長條型的卵串

蝌蚪有毒，眼睛背側位，身體黑褐色，常聚集成一大群，屬於流水攀附型。

長出後肢的盤古蟾蜍蝌蚪

小蛙與成蛙 Juvenile and Adult

盤古蟾蜍幼蛙

繁殖季節的時候雄雌蛙一起聚集到水域

盤古蟾蜍交配

聲音特徵（釋放叫聲）

主要頻率：1103（Hz）

波形圖

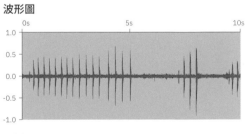

頻譜圖

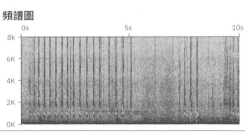

蟾蜍科 Bufonidae	*Duttaphrynus melanostictus*（Schneider, 1799）	一般類，普遍

黑眶蟾蜍 Spectacled toad

　　黑眶蟾蜍因從吻端、上眼瞼到前肢基部有黑色隆起稜而得名，經常在住宅附近、草澤、稻田、空地等開墾地出沒，長有水生植物的水池，是牠們最喜愛的繁殖場所。雄蟾有單一外鳴囊，叫聲是一長串非常急促的「咯、咯、咯.......」，尤其當雄蟾碰到雌蟾時，叫聲會變得更加急促，有時可持續鳴叫一分鐘以上。但是當雄蟾被其他個體誤抱時，叫聲則變成短促而尖銳的「嘎」，有如在警告對方：「我也是公的，不要碰我」。

雄蟾有單一外鳴囊，叫聲是一長串非常急促的「咯、咯、咯.......」

耳後腺

眼睛周圍有黑色骨質稜脊

鼓膜明顯

▲ 雄體

體長5至10公分	陸棲性	夜行性	棲地為靜水池、住家附近

特徵 眼睛周圍有黑色骨質棱脊，體色呈黑色或灰黑色，全身布滿黑色、粗糙的疣，眼後有一對耳後腺。鼓膜明顯，趾端黑色，好像擦黑色的指甲油。

繁殖 每年的二到九月

分布 中國大陸及亞洲南部；台灣海拔600公尺以下的平地及山區。

俗別名 癩蛤蟆

黑眶蟾蜍是平地常見的蛙類

眼後有一對耳後腺，鼓膜明顯，趾端黑色好像擦了黑色指甲油。

黑眶蟾蜍雌性體型龐大

經常在住宅附近出沒

長有水生植物的水池，是牠們最喜愛的繁殖場所。

相似種鑑別

盤古蟾蜍

鼓膜不明顯，趾端非黑色。

生活史 Life Cycle

卵與蝌蚪 Eggs and Tadpoles

蝌蚪眼睛背側位，身體深褐色略呈菱形，屬於靜水底棲性深水型。

長條型的卵串纏繞在水草上

長出四肢的黑眶蟾蜍蝌蚪（黃義欽攝）

小蛙與成蛙 Juvenile and Adult

幼蛙（何俊霖攝）

脫皮後骨質棱脊變成白色，形成白眶。

黑眶蟾蜍交配

聲音特徵

主要頻率：1732（Hz）

波形圖

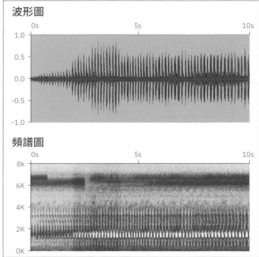

頻譜圖

樹蟾科 HYLIDAE

又稱為雨蛙科，主要分布於美洲、澳洲及歐亞大陸的溫帶地區。約有52屬995種（AmphibiaWeb, 2019），台灣僅有1屬1種。樹蟾科的胸骨及脊椎骨結構和蟾蜍科一樣，胸骨擔弓形，脊椎骨前凹形，因此二者的親緣關係可能比較近。不過樹蟾是樹棲性種類，其指（趾）端擴大成吸盤，並且有間介軟骨，結構上和樹蛙科類似。蝌蚪有一個出水孔在腹面左側，有角質齒。

樹蟾科 Hylidae	*Hyla chinensis*, 1858	一般類，普遍

中國樹蟾 Chinese tree frog

　　中國樹蟾雖然具有樹蛙的外型特徵及習性，但內部骨骼特徵，胸骨擔弓形及脊椎骨前凹形的結構和蟾蜍科一樣，所以樹蟾是因「樹皮蟾骨」而得名，而非有毒。

　　平常棲息在稻田附近的香蕉樹葉的基部、竹林及小灌木上，喜歡在水邊的植物體上鳴叫，常常由少數幾隻帶頭先叫，其他個體再跟著唱和，所以牠們的合唱聽起來像一陣陣吵雜而高亢的「唧、唧、唧」。體型雖小，叫聲卻十分地宏亮，由於牠們常在雨後鳴叫，所以又稱為雨怪或雨蛙。

頭部有深棕色眼罩

雌蛙體型較雄蛙大

▲ 雄體

喉部白色

趾端有吸盤

▲ 雌體

體長2至4公分	樹棲性	夜行性	棲地為靜水池、樹林

特徵 中國樹蟾從吻端經眼睛到鼓膜有一條深棕色過眼線，好像戴黑眼罩。背部草綠色，體側黃色散布著黑色斑點，趾端膨大成吸盤。

繁殖 每年的三月至十月，下雨之後，特別活躍。

分布 中國大陸中部及南部、越南；台灣全台低海拔山區及平地。

俗別名 中國雨蛙、雨蛙

中國樹蟾有一條深棕色過眼線好像戴黑眼罩

中國樹蟾常在雨後鳴叫，又稱為雨怪或雨蛙。

中國樹蟾有樹蛙外型內部骨骼卻似蟾蜍

中國樹蟾體型雖小叫聲卻十分宏亮

中國樹蟾雌蛙體型較雄蛙大

相似種鑑別

諸羅樹蛙

頭部沒有黑眼罩、體側沒有黑斑。

生活史 Life Cycle

卵與蝌蚪 Eggs and Tadpoles

交配的中國樹蟾在水中邊游邊產卵

中國樹蟾的卵粒

中國樹蟾蝌蚪眼睛側位，背部有兩條金線，屬於靜水懸泳型。

長出後腳的蝌蚪

小蛙與成蛙 Juvenile and Adult

蝌蚪剛變態成幼蛙尾巴逐漸被吸收

中國樹蟾小蛙

體側黃色散布著黑色斑點

中國樹蟾抱接後再跳入水中產卵

聲音特徵

主要頻率：4416（Hz）

波形圖

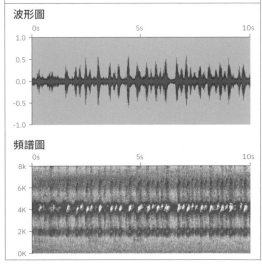

頻譜圖

狹口蛙科 MICROHYLIDAE

狹口蛙科，又稱為姬蛙科，嘴巴及體型一般都比較小，但身體圓胖。廣泛分布在溫帶及熱帶地區。約有62屬657種（AmphibiaWeb, 2019），台灣有3屬5種，其中亞洲錦蛙是外來入侵種。脊椎骨兩盤凹型，胸骨固胸型。狹口蛙科的蝌蚪出水孔單一位於腹部下方中央，沒有喙也沒有角質齒，是一種特化的型式。

狹口蛙科 Microhylidae	*Kaloula pulchra* Gray, 1831	局部普遍

亞洲錦蛙 Asiatic painted frog 外來種

　　亞洲錦蛙是狹口蛙家族裡的巨無霸，體長平均7公分。指（趾）端方形平切狀，膨大成吸盤，因此會爬樹，藏身於樹洞中。也喜歡鑽洞，埋身在土裡。

　　雄蛙有單一外鳴囊，叫聲是短促低沈的「磨—磨—」，會在下雨濕度較高的時候鳴叫，但不常叫，而且人一靠近就不叫。牠們的食慾很好，一次可吃麵包蟲十幾隻，甚至還有人發現牠們吃蜜蜂。

遇敵害或受刺激時會鼓氣將身體撐大

背部有深棕色像花瓶的三角形斑

頭部很小

雄蛙喉部黑色
雌蛙白色

指（趾）端方形平切狀，膨大成吸盤。

▲ 雄體

體長6至8公分	陸棲性	夜行性	棲地為靜水池、住家附近

特徵 頭部很小，身體肥胖。皮膚厚，光滑，但有一些圓形
　　　顆粒。背部棕色，有一個深棕色大三角形斑，看起來
　　　很像一個花瓶。

繁殖 春天及夏天，下雨之後比較活躍。

分布 中國南部、亞洲南部及印度；台灣雲林、嘉義、台
　　　南、高雄及屏東。

俗別名 花狹口蛙

用後腳剷土挖掘，身體快速倒退鑽入落葉土
堆中。

雄蛙有單一外鳴囊，聲音低沈宏亮，叫起來聲勢浩大水花四濺。

亞洲錦蛙是狹口蛙家族裡的巨無霸，頭部很
小身體肥胖。

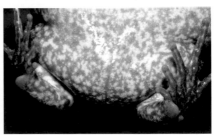

亞洲錦蛙足部有像剷子般的內蹠突起便於挖
洞

台灣的亞洲錦蛙族群最早是在1998年於高雄林園及鳳山水庫一帶發
現

相似種鑑別

小雨蛙

體型小，趾端沒有吸盤。

生活史 Life Cycle

卵與蝌蚪 Eggs and Tadpoles

卵成片浮在水面上，發育很快，可在24小時內發育成蝌蚪。

剛孵出的小蝌蚪帶有外鰓

蝌蚪頭部平扁，眼睛側位，身體深棕色，為靜水域取食懸浮粒子種類，發育很快，2～3週即可變態成小蛙。

長出後腳的亞洲錦蛙蝌蚪

小蛙與成蛙　Juvenile and Adult

長出四肢變態即將完成

亞洲錦蛙指（趾）端膨大成吸盤，因此很會爬樹。

亞洲錦蛙交配

聲音特徵

主要頻率：274（Hz）

波形圖

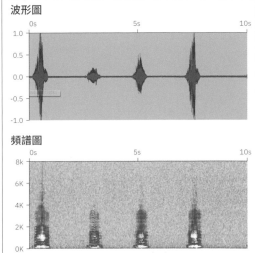

0s　　　　　5s　　　　　10s

1.0
0.5
0.0
-0.5
-1.0

頻譜圖

0s　　　　　5s　　　　　10s

8k
6K
4K
2K
0K

狹口蛙科 Microhylidae	*Microhyla butleri* Boulenger,1900	一般類，普遍

巴氏小雨蛙 Butler's narrow-mouthed toad

　　巴氏小雨蛙的皮膚粗糙，背部及四肢都散布許多小顆粒，所以又稱為粗皮姬蛙。巴氏小雨蛙零散分布於中南部低海拔山區，平常棲息在底層落葉間，繁殖時則出現在水邊的草叢或水溝落葉堆中。繁殖期以春夏兩季為主，在雨天的時候比較活躍，雄蛙有單一外鳴囊，叫聲「歪、歪、歪」如同鴨子叫聲，整齊而且有節奏，非常吵雜聒噪。因在台灣的分布局限，棲地容易受破壞，所以曾被列為保育類，因族群量尚穩定，在2008年改成一般類。

巴氏小雨蛙鳴囊大，叫聲嘹亮像鴨子叫。

深色鑲淺色邊的花斑

皮膚粗糙，布滿疣粒。

▲ 雄體

體長2至3公分	陸棲性	夜行性	棲地為靜水池、草地

特徵 小型，背部灰色，有大塊深色鑲淺色邊的花斑，皮膚粗糙，布滿疣粒。體側各有一行黑色斑點，和背部大塊花斑平行。四肢背面有黑色橫紋，趾間具微蹼，趾端有吸盤。

繁殖 春天及夏天，下雨之後，特別活躍。

分布 中國南部和亞洲南部；台灣中南部低海拔山區。

俗別名 粗皮姬蛙

背部有大塊深色鑲淺色邊的花斑

巴氏小雨蛙的皮膚粗糙布滿疣粒又稱為粗皮姬蛙

平常棲息在底層落葉間

相似種鑑別

小雨蛙

黑蒙西氏小雨蛙

皮膚光滑沒有顆粒

生活史 Life Cycle

卵與蝌蚪 Eggs and Tadpoles

卵漂浮在水面及黏在水草上

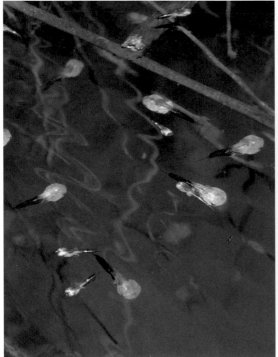

巴氏小雨蛙蝌蚪，其中較小隻的為黑蒙西氏小雨蛙蝌蚪。

巴氏小雨蛙蝌蚪體型大，旁邊為黑蒙西氏小雨蛙蝌蚪。

蝌蚪眼側位，草綠色，尾鰭上有細紅點，尾鰭寬末端呈絲狀，屬於靜水食懸浮粒子種類。

小蛙與成蛙 Juvenile and Adult

變態中的幼蛙，旁邊是黑蒙西氏小雨蛙蝌蚪。

蝌蚪剛變態完成爬上岸

巴氏小雨蛙幼蛙

交配後，雌蛙帶著雄蛙到水邊產卵，卵成片狀飄浮水面。

聲音特徵

主要頻率：2720（Hz）

波形圖

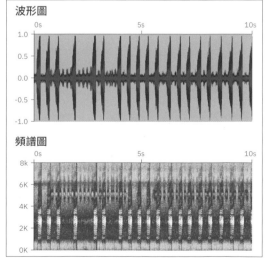

頻譜圖

狹口蛙科 Microhylidae	*Microhyla fissipes* Boulenger, 1884	一般類，普遍

小雨蛙 Ornate narrow-mouthed toad

　　小雨蛙雖然屬於小型蛙類，但雄蛙有鼓起來幾乎和身體一樣大的單一外鳴囊，因此叫聲非常的大聲，聲音聽起來如同上發條聲。經常出現在稻田、水池等開墾地，普遍分布於全台灣平地及低海拔山區，雨後的夏夜常可聽到牠們整齊而具有節奏感的叫聲。小雨蛙喜歡躲在草根、土縫或石頭底下鳴叫，所以常常只聞其聲，不見其影，不容易觀察。

雄蛙有一個鼓起來比身體還要大的鳴囊

深色對稱塔狀花紋

▲ 雄體

身體三角形

▲ 雌體

體長2至3公分	陸棲性	夜行性	棲地為靜水池、草地

特徵 小雨蛙的頭小腹大，身體呈扁平的三角形，牠們因為背部有美麗的深色花紋，花紋類似兩個人字、塔狀或聖誕樹狀，對稱而且醒目，所以又稱為飾紋姬蛙。

繁殖 春天及夏天，下雨之後，特別活躍。

分布 中國南部、中南半島及馬來西亞；台灣全島平地及低海拔山區。

俗別名 飾紋姬蛙、小姬蛙。

小雨蛙抱接交配

小雨蛙身體呈扁平的三角形

背部有美麗的塔狀花紋，所以又稱為飾紋姬蛙。

相似種鑑別

黑蒙西氏小雨蛙

背中線中央有一或二個黑色小括弧()花紋

生活史 Life Cycle

卵與蝌蚪 Eggs and Tadpoles

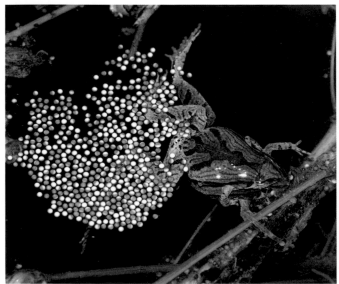

卵塊成片漂浮在水面

剛孵化出來的小雨蛙蝌蚪

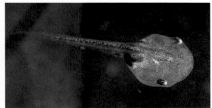

小雨蛙蝌蚪眼睛側位，身體半透明呈圓盤狀，在靜水域取食懸浮粒子。

長出後腳的小雨蛙蝌蚪

四肢皆長出的蝌蚪

即將完成變態的蝌蚪

小蛙與成蛙 Juvenile and Adult

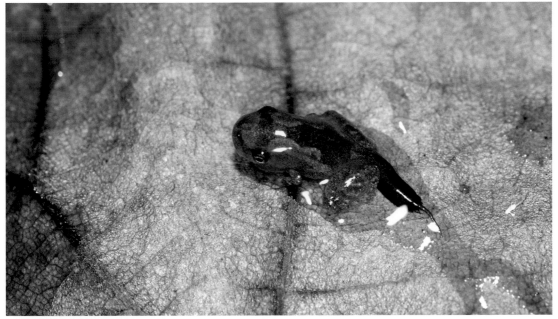

蝌蚪變態成小蛙爬上岸

剛變態完成的小蛙

聲音特徵

主要頻率：2784（Hz）

波形圖

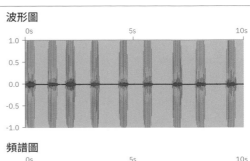

頻譜圖

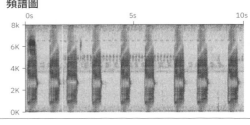

| 狹口蛙科 Microhylidae | *Microhyla heymonsi* Vogt, 1911 | 一般類，普遍 |

黑蒙西氏小雨蛙 Heymons' narrow-mouthed toad

體長小於3公分，是台灣青蛙家族中體型最小的成員之一。牠們有典型的狹口蛙科體型，頭小體寬。背面淺褐色或灰色，身體兩側有縱向的深色紋，讓牠們看起來更像個三角形。

黑蒙西氏小雨蛙常見於台灣中南部及東南部1500公尺以下的開墾地水域及草澤。春夏時節常躲在水邊草叢、落葉、泥縫或小石堆中鳴叫，雄蛙有單一外鳴囊，叫聲低而且綿長。因在台灣的分布局限，棲地容易受破壞，所以曾被列為保育類，現因族群量穩定，在2008年改成一般類。

雄蛙有單一外鳴囊，常躲在泥縫中鳴叫。

背部中間有一條淺黃色背中線，線上有一或兩個黑色小括弧（）花紋。

身體三角形

▲ 雄體

體長2至3公分	陸棲性	夜行性	棲地為靜水池、草地

特徵 身體三角形，在背部中間有一條淺黃色背中線，線上有一或兩個黑色小括弧（）花紋，故又稱小弧斑姬蛙。

繁殖 春天及夏天，下雨之後，特別活躍。

分布 中國大陸南部和東南亞；台灣中南部及東南部。

俗別名 小弧斑姬蛙

體長小於3公分，是台灣青蛙家族中體型最小的成員。

大肚的雌蛙，背中線上有兩組(四個)小括弧。

背中線上有一或兩個黑色小括弧

相似種鑑別

小雨蛙

中央沒有黑色小括弧（）花紋，經常和黑蒙西氏小雨蛙同時出現，而且叫聲也很類似，如同上發條聲，所以容易混淆。

生活史 Life Cycle

卵與蝌蚪 Eggs and Tadpoles

黑蒙西氏小雨蛙正產卵中，卵成片漂浮在水面，一至兩天即可孵化成小蝌蚪。

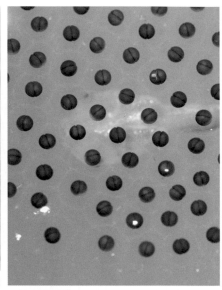

開始卵裂的卵

蝌蚪眼睛側位，身體深色，兩眼間有大型黑色金斑，口位於背部呈漏杓狀，可幫助濾食，常成群浮在水面上，屬於靜水浮泳型。

開始變態長出後腳的蝌蚪

小蛙與成蛙 Juvenile and Adult

即將完成變態

黑蒙西氏小雨蛙幼蛙

雄雌蛙抱接

聲音特徵

主要頻率：2691（Hz）

波形圖

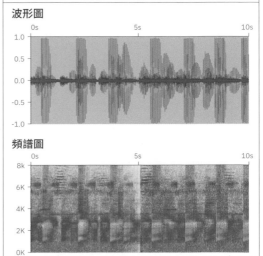

頻譜圖

狹口蛙科 Microhylidae	*Micryletta steinegeri*（Boulenger, 1909）	一般類、局部不普遍

史丹吉氏小雨蛙 Stejneger's narrow-mouthed toad 特有種 ⓋⓊ

史丹吉氏小雨蛙常在五月雨季，上百隻成群出現在森林底層的暫時性雨水池中求偶鳴叫，雄蛙有單一外鳴囊，叫聲高而連續，類似蟲叫的「唧唧機唧唧」。但雨停之後，迅速消失無蹤，偶然才會看到一、兩隻藏在落葉堆中。因此，要觀察牠們，除了耐心，還需要運氣！牠們因分布局限、棲息環境容易受到破壞，所以曾被列為保育類，但因族群量尚穩定，在2008年改成一般類。

雄蛙有單一外鳴囊，叫聲高而連續類似蟲叫。

背部有暗褐色斑點或2到4條縱紋

四肢修長，上臂背面橘紅色。

▲ 雄體

體長2至3公分	陸棲性	夜行性	棲地為靜水池、樹林

特徵 和台灣其他小型狹口蛙比起來，史丹吉氏小雨蛙的身體比較修長，但還是頭小、四肢纖細、身體呈三角形。牠們的顏色及花紋變化多端，背部一般淺褐色，有一些暗褐色粗大的斑點，斑點有時綴連成2至4深色條縱紋。上臂背面橘紅色，格外鮮明。

繁殖 春及夏天為主，成群大量出現。

分布 零散分布於台灣中部、南部及東南部

俗別名 台灣娟蛙、史氏姬蛙

體型小有很好的保護色，又藏身在落葉堆中，非繁殖期時很難發現其蹤跡。

和其台灣其他小型狹口蛙比起來，史丹吉氏小雨蛙的身體比較修長。

史丹吉氏小雨蛙零散分布在台中、嘉義近郊、曾文水庫、台南仙公廟、墾丁、台東、花蓮等地。

史丹吉氏小雨蛙雌蛙

相似種鑑別

巴氏小雨蛙

皮膚粗糙，有小顆粒，上臂褐色。

生活史 Life Cycle

卵與蝌蚪 Eggs and Tadpoles

每次產卵200～350粒左右，卵粒小，成片漂浮在水面或黏在水草石頭上。

史丹吉氏小雨蛙蝌蚪眼睛側位，頭部及背部有些深棕色斑點，尾部有一淡黃色線，尾端尖細，在靜水取食懸浮粒子。

蝌蚪外型類似小雨蛙蝌蚪也是圓盤狀，但體色較深不透明呈棕黃色。

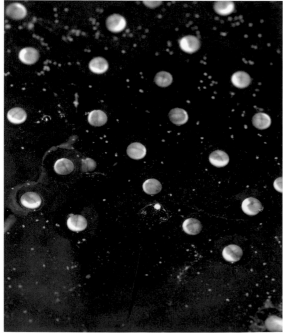

開始卵裂的史丹吉氏小雨蛙卵

長出後腳的史丹吉氏小雨蛙蝌蚪

小蛙與成蛙 Juvenile and Adult

幼蛙（何俊霖攝）

背部有一些暗褐色粗大的斑點，斑點有時綴連成2至4條深色縱紋。

聲音特徵

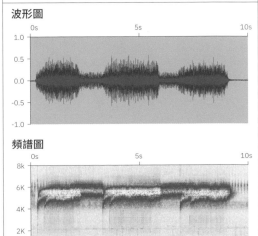

主要頻率：5258（Hz）

波形圖

頻譜圖

赤蛙科 RANIDAE

分布於全世界，有典型的蛙類外型:後肢強壯善於跳躍，趾間的蹼發達有助游泳。約有23屬406種(AmphibiaWeb, 2019)，台灣有7屬10種，其中美洲牛蛙是人為引進的外來種。脊椎骨兩盤凹型，胸骨固胸型。蝌蚪有一個出水孔在腹面左側，有角質齒。

赤蛙科 Ranidae	*Hylarana latouchii*（Boulenger,1899）	一般類，普遍

拉都希氏赤蛙 Latouche's frog

　　拉都希氏赤蛙身體兩側各有一條明顯的長棒狀皺褶突起，所以又稱為闊褶蛙。牠們的適應力很強，非繁殖期經常單獨出現在步道、馬路或住宅附近等陸域環境覓食；繁殖時期，則成群遷徙到水池、稻田、沼澤、流動緩慢的溝渠或溪流等水域環境。經常躲在草根、石縫或者水草底下鳴叫，因為僅有內鳴囊，所以叫聲聽起來是低弱、綿長的「給ㄟ」，好像含在嘴裡發不出來，也有如在廁所裡方便，所以有人笑稱牠們為「拉肚子的青蛙」或者「拉肚子吃西瓜」。

因為僅有內鳴囊，所以叫聲低弱。

身體扁平紅棕色，背部有一些突起，摸起來粗糙

背側褶粗大明顯

體型較雄蛙大

▲ 雄體

前臂比雄蛙細

前臂粗壯

▲ 雌體

體長4至6公分	陸棲為主	夜行性	棲地為靜水池及流水

特徵 拉都希氏赤蛙身體平扁，背部紅棕色，有一些突起，摸起來有些粗糙，背側褶粗大明顯。

繁殖 幾乎整年都可以進行生殖活動，但以春天及秋天最為活躍。

分布 中國南方；台灣平地及中低海拔山區。

俗別名 闊褶蛙

身體兩側各有一條明顯的長棒狀皺褶突起，所以又稱為闊褶蛙。

拉都希氏赤蛙常常數十隻聚在一起鳴叫求偶，雄蛙之間靠得很近，而獲得雌蛙青睞的雄蛙也會不斷的遭到其他雄蛙的騷擾。

拉都希氏赤蛙常常會錯抱其他蛙

相似種鑑別

腹斑蛙

皮膚較光滑，有淺色背中線。

生活史 Life Cycle

卵與蝌蚪 Eggs and Tadpoles

交配的拉都希氏赤蛙在水中邊游邊產卵

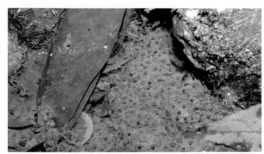

卵有黏性，常常一粒黏一粒，成長條狀纏繞在水草上，或者聚成一大片。

蝌蚪眼睛背側位，身體棕綠色，有深棕色細點，尾鰭透明發達，尾端尖圓，屬於靜水底棲性淺水型。

長出後腳的蝌蚪

小蛙與成蛙 Juvenile and Adult

拉都希氏赤蛙幼蛙（孫文正攝）

背部顏色有時呈現鮮豔紅色

為了增強爭奪能力並能抱緊雌蛙，雄蛙的前臂特別發達粗壯，是天生的健美先生。

聲音特徵

主要頻率：2198（Hz）

波形圖

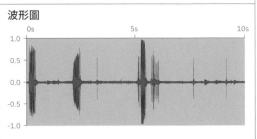

頻譜圖

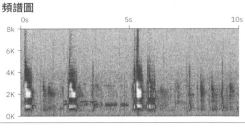

| 赤蛙科 Ranidae | *Hylarana taipehensis*（Van Denburgh, 1909） | 保育類 II，稀有 |

台北赤蛙 Taipei grass frog 🇪🇳

　　身體纖細的台北赤蛙零散分布在台灣北部及南部低海拔茶園、山坡地以及平地草澤，通常躲在水池旁草叢、植物根部或者池塘中央的荷葉上鳴叫，無明顯的外鳴囊，叫聲是單音細小的「嘰」，不容易聽到，也不會形成大合唱。傳說若欺侮捕捉台北赤蛙，雷公會生氣，所以台北赤蛙又稱雷公蛙。

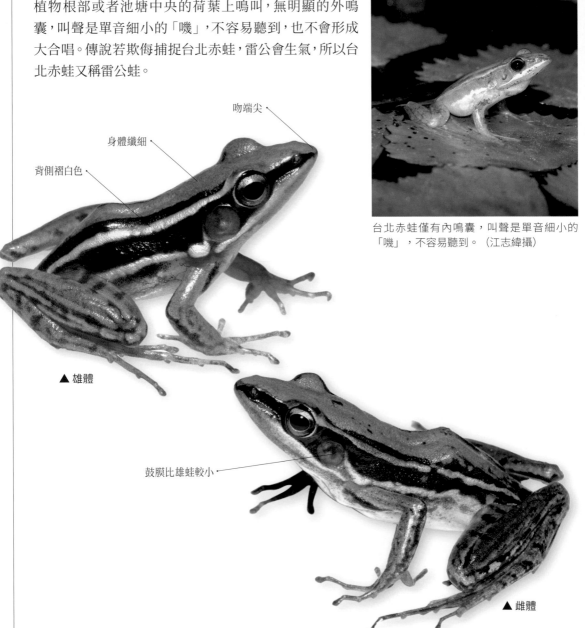

台北赤蛙僅有內鳴囊，叫聲是單音細小的「嘰」，不容易聽到。（江志緯攝）

吻端尖

身體纖細

背側褶白色

▲ 雄體

鼓膜比雄蛙較小

▲ 雌體

體長3至5公分	陸棲性	夜行性	棲地為靜水池

特徵 台北赤蛙體型小，纖細修長。背部金黃綠色或綠色。體側有白色背側褶極為醒目，背側褶內外側各有一條黑色縱帶，腹側另有一條白線，因此側面看起來是兩條黑線和兩條白線交錯排列，非常美麗而且特殊，因此台語稱其為神蛙。

繁殖 春天及夏天

分布 中國南方、香港、印度及越南；台灣西部。

俗別名 神蛙、雷公蛙

台北赤蛙又稱雷公蛙、神蛙

從台北盆地消失的台北赤蛙

側面看起來是兩條黑線和兩條白線交錯排列

台北赤蛙吻端尖身體纖細

相似種鑑別

金線蛙

體型肥胖，吻端較圓。

生活史 Life Cycle

卵與蝌蚪 Eggs and Tadpoles

卵塊黏在水草上

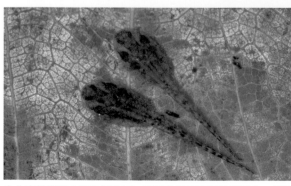

台北赤蛙蝌蚪小型吻端尖圓，眼睛為靠近兩側的背側位，蝌蚪
尾鰭邊緣有細黑點形成的橫斑，屬於靜水懸泳型。

蝌蚪剛變態完成尾巴尚未消失

小蛙與成蛙 Juvenile and Adult

台北赤蛙幼蛙

台北赤蛙雌蛙鼓膜比眼睛小

台北赤蛙交配

聲音特徵

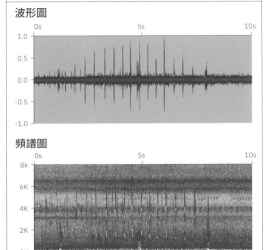

主要頻率：4475（Hz）

波形圖

頻譜圖

| 赤蛙科 Ranidae | *Lithobates catesbeianus*（Shaw, 1802） | 不普遍 |

美洲牛蛙 American bullfrog 外來種

　　美洲牛蛙的長相不像牛，但叫聲如牛，所以稱之為牛蛙。牠們的體形壯碩，體長可達20公分，而且有很強的領域性，經常捕食比牠小的青蛙，是青蛙家族裡的暴龍。

　　美洲牛蛙棲息於平地的靜水域，雄蛙有單一外鳴囊，經常坐在水邊淺水域或浮在水面鳴叫。牠們有驚人的繁殖力，曾有紀錄一隻體長約17、8公分的母蛙，一次產卵約47000顆。牠們的壽命可長達16年，所以一生可產卵數十萬顆。

美洲牛蛙是世界百大外來種之一

背部綠色有黑色斑點，身體肥胖。

鼓膜明顯，比眼睛大。

▲ 雄體

鼓膜比雄蛙小，和眼睛差不多大。

▲ 雌體

體長11至20公分	水棲性	夜行性	棲地為靜水池

特徵 美洲牛蛙的身體深綠色有黑色斑點，頭部的顳褶及
鼓膜明顯。雄蛙的鼓膜比雌蛙大，而且比眼睛大，
可藉此特徵分辨雌雄。

繁殖 春夏兩季

分布 原產於美國，引入世界各地。台灣平地有時可見放
生或從養殖場逃逸出來的個體。

雄蛙有單一外鳴囊，經常坐在水邊淺水域或
浮在水面鳴叫。（江志緯攝）

養殖場的美洲牛蛙

美洲牛蛙由於養殖的關係，在1924年從美國引進台灣。

相似種鑑別

虎皮蛙

在台灣，虎皮蛙和美洲牛蛙都有養殖的
族群，市場裡偶而可見販售活體。虎皮
蛙體型較小，背部有許多排列整齊的短
棒狀膚褶。

生活史 Life Cycle

卵與蝌蚪 Eggs and Tadpoles

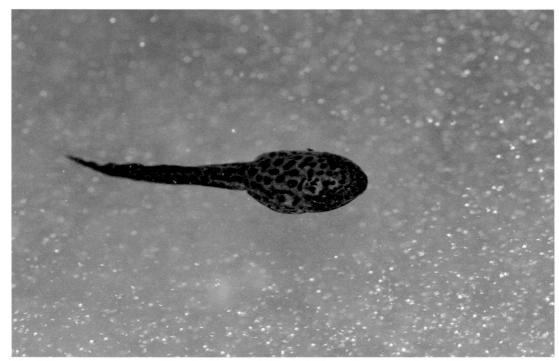

蝌蚪體型巨大全長可達12～15公分，眼睛背側位，身體背部及尾部有許多黑斑，屬於靜水底棲性深水型。

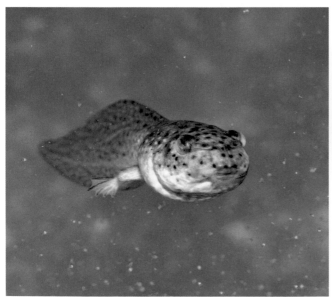

長出後腳的蝌蚪

長出四肢的蝌蚪

小蛙與成蛙 Juvenile and Adult

蝌蚪變態完成，尾巴逐漸吸收掉。

養殖場內的牛蛙幼蛙

美洲牛蛙交配（江志緯攝）

聲音特徵

主要頻率：189（Hz）

波形圖

頻譜圖

赤蛙科 Ranidae	*Nidirana adenopleura*（Boulenger, 1909）	一般類，普遍

腹斑蛙 Olive frog

　　腹斑蛙有肥胖的身體，身體淺褐色，眼睛後方有一塊黑色菱形斑，以保護裸露在外的耳朵（鼓膜）。背部中央有一條淺色不明顯的背中線，腹側有些大黑斑。普遍分布於全台2000公尺以下的山區草澤及靜水域，經常藏身在水草之間鳴叫。雄蛙有一對外鳴囊，叫聲「給ˊ給ˊ給ˊ」非常響亮，而且喜歡一隻接著一隻鳴叫，形成此起彼落而且響亮的合唱，讓人很難不注意到牠們的存在。牠們有很強的領域性，若有其他雄蛙入侵，兩隻雄蛙會打架，並發出遭遇叫聲，以驅離對方。

腹斑蛙雄蛙有一對咽下外鳴囊，叫聲響亮，喜歡漂浮在水面鳴叫。

背中線淺色不明顯

背側褶細長

體側肩後方有扁平黃色三角形肩腺隆起

▲ 雄體

體長6至7公分	水陸兩棲	夜行性	棲地為靜水池

特徵 身體肥胖，淺褐色，眼睛後方有黑色菱形斑。身體兩
側有細長的背側褶，背部中央有一條淺色不明顯的
背中線，腹側有些大黑斑。

繁殖 三月至九月，春天及夏天為主。

分布 中國南方及海南島；全台灣2000公尺以下的地區。

俗別名 彈琴蛙

身體肥胖淺褐色，眼睛後方有黑色菱形斑。

腹斑蛙有很強的領域性，若有其他雄蛙入侵，兩隻雄蛙會打架驅離對方。

腹斑蛙雌蛙

相似種鑑別

豎琴蛙

體型較小，背中線明顯，腿部橫紋較細。

拉都希氏赤蛙

沒有背中線，身體較扁平。

腹斑蛙學名拉丁文*adeno*是指腺體，*pleura*是腹側，指的是腹側有腺
狀突起的蛙。腹斑蛙雄蛙在體側肩後方有扁平黃色三角形肩腺隆起，
所以學名是根據外型特徵命名。

生活史 Life Cycle

卵與蝌蚪 Eggs and Tadpoles

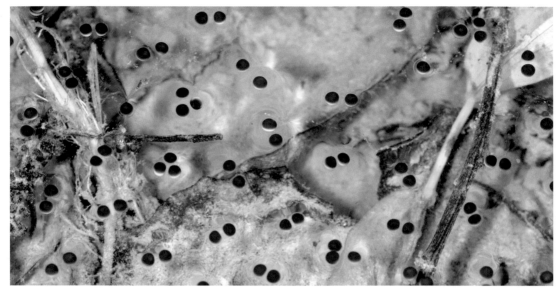

卵聚成片狀，每個膠質囊內有卵粒1至4顆。

長出後腳的蝌蚪 (顏振暉攝)

即將變態完成的蝌蚪

蝌蚪大型，5公分以上，眼睛背側位，吻端尖，身體有許多細小深褐色斑點，尾鰭高，邊緣顏色較深，屬於靜水底棲性深水型。

小蛙與成蛙 Juvenile and Adult

腹斑蛙幼蛙（梁或禎攝）

普遍分布於全台兩千公尺以下的山區草澤及靜水域

聲音特徵

主要頻率：2470（Hz）

波形圖

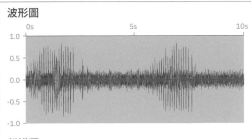

頻譜圖

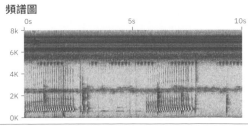

| 赤蛙科 Ranidae | *Nidirana okinavana*（Boettger, 1895） | 保育類 II，稀有 |

豎琴蛙 Harpist frog ⓒⓡ

豎琴蛙在台灣僅分布於南投縣魚池鄉蓮華池及日月潭一帶，雄蛙通常各自分散在水池旁的植物根部鳴叫，會挖洞，洞中有積水，雄蛙就窩在洞中鳴叫，吸引雌蛙入內交配產卵。叫聲類似撥弄琴弦的聲音「登、登、登、登」，細膩悠揚，因此，豎琴蛙是根據叫聲命名。

豎琴蛙的叫聲很好聽，但很害羞，常常僅聞其聲不見其影。（莊銘豐攝）

淺色細長的背中線直達吻端

背側褶細長

鼓膜周圍有黑色菱形斑

▲ 雄體

體長4至5公分	陸棲為主	夜行性	棲地為靜水池

特徵 豎琴蛙中型肥碩，鼓膜周圍有黑色菱形斑。背部是
灰褐色或深褐色，有一條明顯淺色細長的背中線直
達吻端，體側有一對淺色細長的背側褶。

繁殖 四月到八月

分布 日本琉球群島及台灣南投

豎琴蛙雄蛙會挖洞，在洞中鳴叫吸引雌蛙入
內交配產卵。(何俊霖攝)

豎琴蛙在台灣的分布局限，數量很少，屬於亟需保護的瀕危物種。

背部有一條淺色細長的背中線直達吻端

相似種鑑別

腹斑蛙

體型較大，背中線較不明顯，皮膚上的
疣粒及黑色斑點較多且明顯，腿部橫紋
較粗。

生活史 Life Cycle

卵與蝌蚪 Eggs and Tadpoles

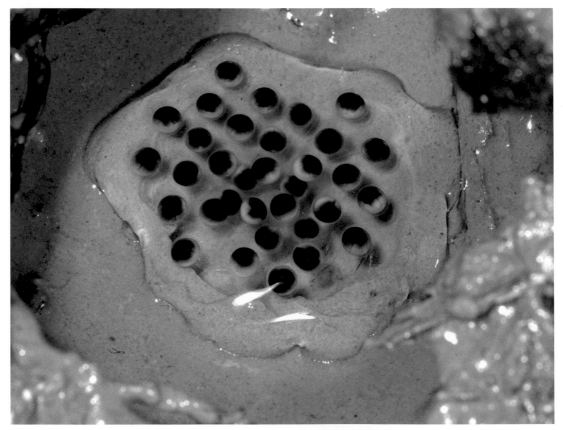

卵成團產在水邊雄蛙挖的泥窩中

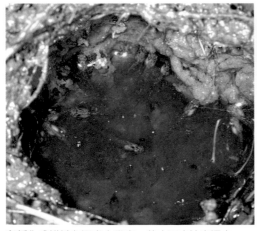

卵孵化成蝌蚪在泥窩中發育，待大雨來沖出洞中。

豎琴蛙蝌蚪眼睛背側位，吻端鈍圓，身體淡褐色有深褐色斑點，屬於靜水底棲性淺水型。(江志緯攝)

小蛙與成蛙 Juvenile and Adult

剛變態完成爬上葉面（江志緯攝）

豎琴蛙幼蛙

豎琴蛙在洞中交配（莊銘豐攝）

聲音特徵

主要頻率：851（Hz）

波形圖

頻譜圖

| 赤蛙科 Ranidae | *Odorrana swinhoana* （Boulenger, 1903） | 一般類，普遍 |

斯文豪氏赤蛙 Swinhoe's frog 特有種

　　斯文豪氏赤蛙屬於大型蛙，背部顏色變化多端，有綠色、褐色或綠色褐色交雜。身體修長，趾端膨大成吸盤狀，以適應溪流生活。牠們終年住在溪澗裡，白天躲在石縫或溪邊草叢裡，閒來無事也會叫一叫。牠們有一對外鳴囊，叫聲「啾」很像鳥叫，所以又稱為「騙人鳥」，也有人稱牠們為「鳥蛙」。

　　斯文豪氏赤蛙的獨立性很高，縱使在繁殖季節的時候，也是各自分散，保持距離。叫聲是牠們彼此溝通、較勁的唯一管道。所以牠們雖然不是很常叫，但只要一隻領頭開始叫，其他雄蛙就會不甘示弱的一隻跟著一隻叫，合唱聽起來是此起彼落，頗具有聲勢。

雄蛙有一對外鳴囊，叫聲「啾」很像鳥叫。

身體修長

吻端尖

▲ 雄體

內掌突明顯，趾端膨大成吸盤狀。

雌蛙體型雄蛙較大

▲ 雌體

體長6至10公	水陸兩棲性	夜行性	棲地為流水

特徵 大型，背部顏色變化多端，有綠色、褐色或綠色褐色交雜，體側有斷斷續續不明顯的背側褶。身體修長，吻端尖，指（趾）端膨大成吸盤狀。

繁殖 幾乎從二月一直持續到十月，尤其春秋兩季特別活躍。

分布 全台灣中低海拔山區

俗別名 尖鼻赤蛙、棕背蛙

綠色型的斯文豪氏赤蛙

褐色型的斯文豪氏赤蛙

斯文豪氏赤蛙背部顏色變化多端，也有藍色的。（王人凱攝）

相似種鑑別

貢德氏赤蛙

體型及外型和貢德氏赤蛙相似，但貢德氏赤蛙出現在靜水域，身體淺褐色。

生活史 Life Cycle

卵與蝌蚪 Eggs and Tadpoles

蝌蚪尾巴很長,為體長兩倍以上。

常在淺水區域的石頭底下或石縫裡產卵,卵白色大型。

蝌蚪黑色大型,眼睛背位,吻端寬圓,口部凹陷幫助吸附,屬於流水攀吸型。

伸出前肢即將完成變態的斯文豪氏赤蛙蝌蚪(江志緯攝)

小蛙與成蛙 Juvenile and Adult

幼蛙

斯文豪氏赤蛙終年棲息在溪澗環境

抱接交配（江志緯攝）

聲音特徵

主要頻率：2401（Hz）

波形圖

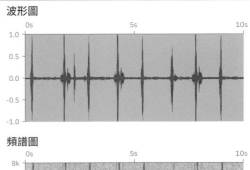

頻譜圖

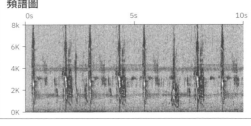

赤蛙科 Ranidae	*Pelophylax fukienensis*（Pope, 1929）	保育類 III，局部不普遍

金線蛙 Green pond frog

　　金線蛙屬於中大型的蛙類，分布全台1000公尺以下的開墾地草澤環境，喜歡藏身在長有水草的蓄水池或者遮蔽良好的農地，例如飄著浮萍的稻田、芋田或者茭白筍田。雄蛙沒有外鳴囊，叫聲是短促的一聲「啾」，不容易聽到。生性隱密機警，常常僅露出頭來觀察四周的動靜，若受到干擾，馬上跳入水中。金線蛙以往是農田常見蛙類，但由於農藥的使用、環境的破壞，以及人為捕捉的壓力，數量及分布範圍逐漸減少中，在2008年列為保育類。

平常棲息在靜水域，以水生動物為食。

身體粗壯肥碩

中央有一條綠色背中線

背部兩側有金褐色寬縱帶

▲ 雄體

體長5至10公分	水棲性	夜行性	棲地為靜水池

特徵 身體肥碩，體側綠色，兩側背側褶褐色或淺綠
色，中央有一條淺綠色背中線。

繁殖 春天及夏天

分布 中國東部；全台灣平地。

俗別名 福建側褶蛙

雄蛙有一對咽側內鳴囊，叫聲微弱不容易聽到，
逃跑時會短促的一聲「啾」。（江志緯攝）

數量及分布範圍逐漸減少中，在2008年列為保育類。

生性隱密，經常藏身在水草間。

相似種鑑別

台北赤蛙

身體修長纖細，體型較小。

生活史 Life Cycle

卵與蝌蚪 Eggs and Tadpoles

蝌蚪眼睛為靠近兩側的背側位，吻端鈍圓稍長，身體綠褐色，有許多深褐色斑點，屬於靜水懸泳型。

長出後腳的金線蛙蝌蚪（江志緯攝）

小蛙與成蛙 Juvenile and Adult

蝌蚪變態完成，尾巴逐漸吸收中。

幼蛙體型雖小，但綠色背中線非常清楚，很容易辨認。

金線蛙交配（蘇耀塹攝）

聲音特徵

主要頻率：2222（Hz）

波形圖

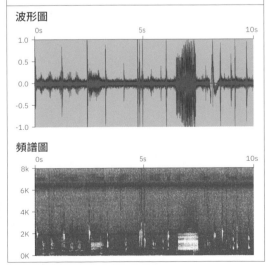

頻譜圖

赤蛙科 Ranidae	*Rana longicrus* Stejneger, 1898	一般類，局部普遍

長腳赤蛙 Long-legged frog 特有種 NT

長腳赤蛙身體及四肢修長，後肢尤其長，約為體長的兩倍，所以稱之為長腳赤蛙。身體褐色，雌蛙的顏色較偏紅褐色，雌蛙體型顯著的大於雄蛙。

長腳赤蛙平常偶而可在草叢或闊葉林底層看到牠們，繁殖期時，雄蛙及雌蛙會突然大量出現在稻田、水溝、積水池、水塘附近。雄蛙在淺水域或草叢鳴叫，雄蛙沒有外鳴囊，叫聲是小聲的「波、波、波」，要靠近才聽得到。

雌蛙體色常常會呈紅褐色

背部有八字形黑斑

背側褶細長

吻端尖

▲ 雄體

體色為紅褐色

雌蛙體型較雄蛙大

▲ 雌體

體長4至6公分	陸棲為主	夜行性	棲地為靜水池

特徵 身體為紅褐色或灰褐色，背上有一個八字形的黑斑，背側褶細長而明顯。吻端尖，從吻端經眼睛、鼓膜到肩上方有一塊黑褐色的菱形斑，形成一個黑眼罩。

繁殖 主要是十一月至二月

分布 台灣中北部低海拔地區

背上有一個八字形的黑斑，鼓膜到肩上方有一塊黑褐色的菱形斑。

長腳赤蛙身體及四肢修長，後肢尤其長，約為體長的兩倍。

相似種鑑別

梭德氏赤蛙

趾端有吸盤，吻端鈍圓。

生活史 Life Cycle

卵與蝌蚪 Eggs and Tadpoles

常可看到數十個卵塊聚成一大團

長腳赤蛙卵塊為球狀

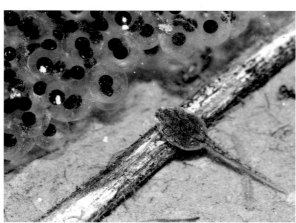

剛產出沒多久的卵以及長腳赤蛙的小蝌蚪

蝌蚪眼睛背側位，身體褐色，在尾部和身體相接處左右各有一個深色斑點，屬於靜水底棲性淺水型。

剛伸出後腳的蝌蚪

四肢已長出的蝌蚪（盧紹榮攝）

小蛙與成蛙 Juvenile and Adult

長腳赤蛙幼蛙（江志緯攝）

雄蛙有內鳴囊，叫聲很小。（江志緯攝）

雄蛙會主動尋找雌蛙形成配對，然後雌蛙帶著雄蛙到淺水域產卵。

聲音特徵

主要頻率：1252（Hz）

波形圖

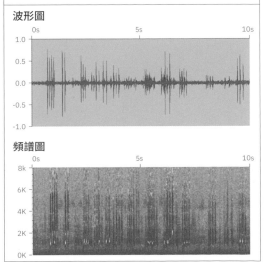

頻譜圖

赤蛙科 Ranidae	*Rana sauteri* Boulenger, 1909	一般類，普遍

梭德氏赤蛙 Sauter's frog 特有種

　　梭德氏赤蛙平常住在山林裡，分布海拔可達3000公尺，但在平地200多公尺的山區也有牠們的蹤跡，適應力非常強。但由於體型不大，又生性隱密，平常不容易看到牠們。牠們在溪流繁殖，叫聲往往被流水聲蓋住，所以雄蛙沒有外鳴囊，不用叫聲來吸引雌蛙接近，採用主動搜索的方式，抱住身旁大小看起來像雌蛙的個體，然後再發出細細柔柔的求偶叫聲「嘖」表明心意。

　　由於雌蛙的數目實在太少，經常一、二百隻雄蛙搶幾十隻雌蛙，所以心急的雄蛙常常判斷錯誤抱到隔壁的雄蛙。牠們很盲從，只要有一隻雄蛙展開行動，周圍的雄蛙馬上會不甘勢弱、不明就理的跟進，因此常看到一堆雄蛙莫名其妙的爭成一團。等到被抱錯的雄蛙發出「給」釋放叫聲，告訴對方我也是公的時候，大家才會一哄而散，繼續尋找下一個目標。

背部有八字形黑斑

吻端鈍圓

背側褶細長

趾端有吸盤

▲ 雄體

雄蛙前臂比雌蛙粗，內掌突明顯。

▲ 雌體

| 體長4至6公分 | 水陸兩棲 | 夜行性 | 棲地為流水 |

特徵 鼓膜周圍有一塊黑褐色的菱形斑,並形成一個黑眼罩。背部褐色或灰褐色,有一個小小的八字形黑斑,身體兩側各有一條細長明顯的背側褶。指(趾)端有吸盤,以適應溪流環境。

繁殖 在低海拔山區,每年的九月和十月,會大量遷移到溪流裡進行生殖活動,此時,縱使白天也很容易看到牠們的蹤跡。

分布 全台灣平地至3000公尺高山

雄蛙有內鳴囊叫聲細小(江志緯攝)

梭德氏赤蛙平常住在山林裡,分布海拔可達3000公尺。

相似種鑑別

長腳赤蛙

吻端尖,趾端沒有吸盤。

生活史 Life Cycle

卵與蝌蚪 Eggs and Tadpoles

卵塊成球狀有黏性，經常黏在石頭底下。

長出後肢的蝌蚪（江志緯攝）

蝌蚪眼睛背位，吻端鈍圓，腹部有吸盤，經常吸附在石頭上，屬於流水腹吸型。

將變態完成的蝌蚪爬上岸（江志緯攝）

小蛙與成蛙 Juvenile and Adult

變態完成尾部已吸收

梭德氏赤蛙雌蛙

雌蛙帶著雄蛙到溪邊水流較緩的地方產卵。

聲音特徵

主要頻率：2321（Hz）

波形圖

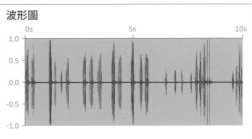

頻譜圖

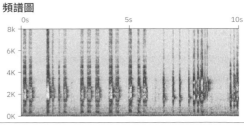

| 赤蛙科 Ranidae | *Sylvirana guentheri*（Boulenger, 1882） | 一般類，普遍 |

貢德氏赤蛙 Günther's brown frog

貢德氏赤蛙是大型的蛙類，身體肥胖，常見於水池及稻田中，所以又稱為沼蛙，即沼澤裡的青蛙。貢德氏赤蛙有一對外鳴囊，叫聲是如同狗叫般的「苟、苟、苟」，聲音低濁而且大聲。因為叫聲像狗叫，所以暱稱牠們為狗蛙。夏天是牠們最活躍的時節，喜歡成群活動，卻又各自分散地躲在水草間鳴叫。個性極為害羞，一旦有人太靠近，就會發出「吱一」驚擾叫聲，然後噗通一聲跳到水裡。

貢德氏赤蛙因為體型大，過去經常被捕捉販賣，所以在1989年根據野生動物保育法公告為保育類。但因為這些年的保育有成，野外族群量逐漸增加中，尤其在台灣中北部都市地區，經常可以聽到牠們的叫聲，因此在2008年修訂保育類名錄時，將其列為一般類。

大型肥胖

身體兩側各有一條
明顯的背側褶

鼓膜周圍白色

▲ 雄體

體長6至12公分	水陸兩棲	夜行性	棲地為靜水池

特徵 身體褐色,上下唇皆白色,鼓膜周圍白色,像戴一個白色耳環。身體背部棕色或淺褐色,身體兩側各有一條明顯的背側褶,沿背側褶有黑色線條及不規則的黑斑。

繁殖 五至九月,春天及夏天。

分布 中國大陸南部、海南島及越南;全台灣平地。

俗別名 沼蛙、石蛙

貢德氏赤蛙正在產卵(賴文龍攝)

貢德氏赤蛙有一對外鳴囊,叫聲是如同狗叫般,所以暱稱牠們為狗蛙。

相似種鑑別

腹斑蛙

體型較小,有背中線。

生活史 Life Cycle

卵與蝌蚪 Eggs and Tadpoles

卵成片浮在水面上（盧紹榮攝）

貢德氏赤蛙蝌蚪眼睛背側位靠近兩側，大型，身體橄欖綠色有紅褐色斑點，口部到眼間有黃線，屬於靜水懸泳型。

長出後腳的蝌蚪

小蛙與成蛙 Juvenile and Adult

即將完成變態的幼蛙

貢德氏赤蛙幼蛙

抱接交配（江志緯攝）

聲音特徵

主要頻率：1582（Hz）

波形圖

頻譜圖

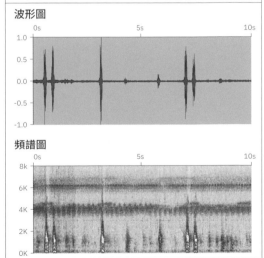

叉舌蛙科 DICROGLOSSIDAE

是 從赤蛙科分出來的物種，主要分布亞洲及非洲，約有14屬210種（AmphibiaWeb, 2019），台灣有3屬4種，其中海蛙是外來種。脊椎骨兩盤凹型，胸骨固胸型。蝌蚪有一個出水孔在腹面左側，有角質齒。

叉舌蛙科 Dicroglossidae	*Fejervarya cancrivora*（Gravenhorst, 1829）	局部不普遍

海蛙 Mangrove frog 外來種

　　海蛙屬於中大型蛙類，外型和澤蛙很像，但體型比澤蛙略大，鼓膜較明顯，背部膚褶排列較整齊，兩側各有一條縱行連續的膚褶。後肢趾間近全蹼，澤蛙是半蹼。海蛙雄蛙有一對咽側下外鳴囊，澤蛙是單一咽下外鳴囊。

　　海蛙又稱為紅樹林蛙、食蟹蛙，因為牠們常棲息於海潮能到的海岸地區，並以紅樹林地區較為常見，耐鹽性較其他的蛙類高。白天常躲在紅樹林等植物根部，晚上才出來覓食，以無脊椎動物，包括螃蟹為食。常在大雨之後的夜晚，一隻隻單獨藏身在水邊、溝渠或植物的根部鳴叫，叫聲是一連串的「嘓、嘓、嘓、嘓」，非常怕人，經常一靠近就噗通跳進水裡。

有些個體有背中線

眼後有一條較長的連續膚褶

兩眼間有一個白點

眼鼻線黑色明顯

▲ 雄體

體長5至9公分	水陸兩棲性	夜行性	棲地為靜水池

特徵 鼓膜明顯。眼鼻線黑色明顯，兩眼間有一個白點，背部膚褶排列整齊，眼後有一條較長的膚褶。後肢趾間近全蹼，有外蹠突。

繁殖 三月至十月，春天及夏天為主。

分布 中國南部及亞洲南部；台灣屏東。

俗別名 海陸蛙、紅樹林蛙、食蟹蛙

雄蛙有一對咽側下外鳴囊，叫聲響亮。

配對的海蛙正產卵中（楊胤勛攝）

兩眼間有一個白點，眼底反射為紅色，在台灣東港及佳冬的捕蛙人稱其為「紅目仔」。

相似種鑑別

澤蛙

體型較小，眼後沒有一條較長的連續膚褶。

虎皮蛙

背部有排列整齊的棒狀突起。

生活史 Life Cycle

卵與蝌蚪 Eggs and Tadpoles

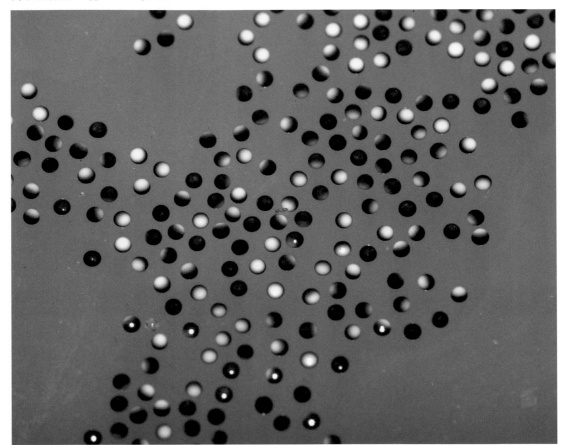

剛產出的卵（楊胤勛攝）

蝌蚪眼睛背側位，眼睛周圍有白色條紋，尾端尖，屬於
靜水底棲性淺水型。

已長出後腳的海蛙蝌蚪

小蛙與成蛙 Juvenile and Adult

海蛙幼蛙

海蛙屬於中大型蛙類，外型和澤蛙很像。

雌蛙體型肥胖，一次產卵可達1000多顆。

聲音特徵

主要頻率：2433（Hz）

波形圖

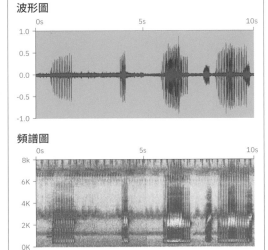

頻譜圖

| 叉舌蛙科 Dicroglossidae | *Fejervarya limnocharis*（Gravenhorst, 1829） | 一般類，普遍 |

澤蛙 Rice field frog

　　澤蛙又稱為田蛙，是台灣平地最常見的青蛙之一。喜歡棲息在稻田、池塘、湖沼及水溝附近。雄蛙有單一鳴囊，但因為鳴囊中間有一分隔，所以看起來像一對外鳴囊。春夏兩季比較容易聽到牠們時高時低、變化多端叫聲。單獨一隻鳴叫時，叫聲是連續數十個「嘓、嘓⋯⋯」，意思是我愛你；但在兩隻對叫的時候，叫聲則變成「嘓嘓－嘓嘓－」或「嘓嘰、嘓嘰」那是我更愛你的意思。青蛙的愛情世界，競爭也很激烈的。

雄蛙有單一外鳴囊，叫聲嘹亮多變。

無背中線的個體

兩眼間有深色V形橫斑

有背中線的個體

背部有長短不一的棒狀膚褶

▲ 雄體

上下唇有深色縱紋

▲ 雌體

體長4至6公分	陸棲為主	夜行性	棲地為靜水池

特徵 背部有許多長長短短的棒狀突起,上下唇有深色縱紋,縱紋兩眼間有深色V形橫斑。顏色及花紋多變,一般是褐色或深灰色,有時雜有明顯的紅褐色或綠色斑紋,讓人覺得每一隻長得都不一樣。

繁殖 二月至十月,春天及夏天為主。

分布 中國、亞洲南部及日本;台灣平地。

俗別名 田蛙

有些個體在背部中間有一條金色背中線,具有打破身體輪廓的保護效果。

澤蛙雌蛙

澤蛙又稱為田蛙,是台灣平地最常見的青蛙之一。

相似種鑑別

虎皮蛙

體型較大,背部有排列整齊的棒狀突起。

海蛙

體型較大,眼後有一條較長的連續膚褶。

生活史 Life Cycle

卵與蝌蚪 Eggs and Tadpoles

交配中的澤蛙邊游邊產卵

卵塊成片，漂浮在水面。

蝌蚪小型，眼睛背側位，口小位於吻部下方，吻部有深色縱紋，身體褐色或橄欖綠色，尾細長，屬於靜水底棲性淺水型。

長出後肢的蝌蚪

前肢也伸出的蝌蚪

小蛙與成蛙 Juvenile and Adult

將變態完成的幼蛙，尾巴逐漸吸收中。

澤蛙花紋多變，難怪學名稱為「沼澤裡的美麗青蛙」。

澤蛙抱接交配

聲音特徵

主要頻率：2916（Hz）

波形圖

頻譜圖

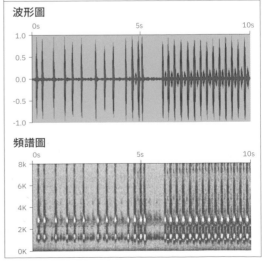

| 叉舌蛙科 Dicroglossidae | *Hoplobatrachus rugulosus*（Wiegmann, 1834） | 一般類，普遍 |

虎皮蛙 Chinese bullfrog

　　屬於大型蛙類，最大可達15公分。虎皮蛙因體型大，肉質佳，所以又稱為水雞。曾因被大量捕捉販售，族群量下降，所以被列為保育類。但近幾年因捕捉減少，野外族群逐漸增加，改列為一般類。虎皮蛙通常出現於平地和低海拔地區的農田或草澤，生性羞澀，常在發現還來不及細看時，便迅速跳躍逃逸無蹤。雄蛙有一對外鳴囊，叫聲為「剛—剛—剛—」。很貪吃，會吃其他種蛙類。

婆羅州的虎皮蛙族群是在1960年代從台灣引進，所以又稱為台灣蛙。

雄蛙有一對外鳴囊，叫聲為「剛—剛—剛—」。（江志緯攝）

背部有排列整齊的長棒狀膚褶

吻端尖圓而長

鼓膜大型明顯

▲ 雄體

體長6至12公分	水棲性	夜行性	棲地為靜水池

特徵 背部有許多排列整齊的長棒狀凸起，皮膚極粗糙，為灰褐色、暗褐色、灰黑色或黃綠色，腹部白色光滑參雜少許黑紋，嘴巴大而尖，鼓膜大而明顯。

繁殖 春天和夏天

分布 中國南部及東南亞；全台灣平地。

俗別名 虎紋蛙

虎皮蛙體型大，又很貪吃，以前人們常用釣青蛙的方式捕捉牠們。

背部有許多排列整齊的長棒狀突起，腹部白色光滑參雜黑紋。

相似種鑑別

澤蛙

體型較小，背部膚褶長短不一。

海蛙

眼後有一條較長的連續膚褶。

虎皮蛙因體型大，肉質佳，所以又稱為水雞。

生活史 Life Cycle

卵與蝌蚪 Eggs and Tadpoles

虎皮蛙卵（江志緯攝）

蝌蚪大型5公分以上，眼睛背側位，吻端尖，尾長為體長兩倍，背部綠褐色有些小黑點，屬於靜水底棲肉食型。（柯丁誌攝）

即將完成變態的虎皮蛙蝌蚪

小蛙與成蛙 Juvenile and Adult

剛變態完成的小蛙

虎皮蛙受驚嚇時常會潛入水底泥沙中躲藏

虎皮蛙幼蛙

交配中的虎皮蛙

聲音特徵

主要頻率：598（Hz）

波形圖

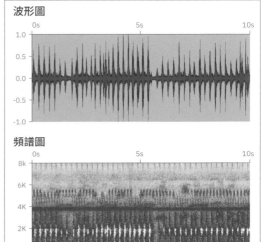

頻譜圖

| 叉舌蛙科 Dicroglossidae | *Limnonectes fujianensis* Ye and Fei, 1994 | 一般類，局部普遍 |

福建大頭蛙 Fujian large-headed frog

　　福建大頭蛙為中大型蛙，雄蛙體型通常比雌蛙大或差不多。福建大頭蛙常見於台灣北部及西部1000公尺以下的山區路旁水溝或小溪，喜歡住在遮蔽良好、溝底有落葉淤泥的淺水溝或溪澗中，白天也看得到，但多半躲在落葉底下，只露出大大的頭和紅紅的眼睛。雄蛙沒有外鳴囊，但叫聲「嘓、嘓、嘓———」聽起來依舊很響亮，有如母雞的叫聲。

雄蛙只有內鳴囊，但叫聲依舊很響亮。

皮膚有短棒狀突起

瞳孔菱形紅色，顳肌發達。

▲ 雄體

| 5至7公分 | 水棲性 | 夜行性 | 棲地為流水 |

特徵 顳肌發達，使頭部看起來特別大，所以稱為大頭
蛙。眼睛瞳孔菱形，在光照之下呈現鮮豔的紅色。
鼓膜不明顯，隱於皮下。身體褐色，肥胖壯碩，有許
多突起，但抓起起來卻是滑溜溜的。

繁殖 終年繁殖

分布 中國南部及中部；台灣西部山區。

俗別名 以前曾誤認為古氏赤蛙

常躲在落葉底下，只露出大大的頭和紅紅的
眼睛。

雄蛙的領域性很強，當有其他雄蛙靠近時，會張嘴咬住對方加以驅
離，有時候還會把對方咬得滿頭是血。

顳肌發達使頭部看起來特別大，所以稱為大
頭蛙。

雄蛙背上常可看到長期打鬥累積的傷痕

相似種鑑別

澤蛙

虎皮蛙

鼓膜明顯，頭部不特別大。

生活史 Life Cycle

卵與蝌蚪 Eggs and Tadpoles

卵一粒粒散落在水底，卵粒表面經常沾附一些泥沙，好像小石頭。

蝌蚪眼睛背側位，兩眼間有深色橫紋，尾部有三至五條橫紋，尾鰭低，尾長為體長兩倍，屬於流水底棲型。

四肢皆長出的蝌蚪

小蛙與成蛙 _{Juvenile and Adult}

剛變態完成的幼蛙

福建大頭蛙小蛙

雄蛙一般比雌蛙大

聲音特徵

主要頻率：478（Hz）

波形圖

頻譜圖

樹蛙科 RHACOPHORIDAE

主要分布於非洲及亞洲熱帶地區，故又稱為舊大陸樹蛙。約有19屬442種（AmphibiaWeb, 2019），台灣有4屬14種，其中斑腿樹蛙是外來入侵種。樹蛙科是樹棲性種類，指（趾）端擴大成吸盤，吸盤內有Y字形軟骨，最末兩節間並有間介軟骨以利在樹上攀爬。胸骨固胸型，脊椎骨兩盤凹型。蝌蚪有一個出水孔在腹面左側，有角質齒。

| 樹蛙科 Rhacophoridae | *Buergeria choui* Matsui and Tominaga, 2020 | 一般類，普遍 |

周氏樹蛙 Yaeyama kajika frog

周氏樹蛙喜歡棲息於低海拔的淺水、分布有許多小碎石的溪流、溝渠環境，也可能出現在海岸邊。適應的溫度範圍很廣，曾在水溫約攝氏17度的溪水及水溫高達攝氏43度的溫泉發現牠們的蹤跡，由於牠們是少數能在溫泉環境生活的蛙類，所以又稱為溫泉蛙。雄蛙有單一外鳴囊，發出類似蟲叫的長鳴聲，叫聲非常規則。

雄蛙有單一外鳴囊

背中央近肩胛處有一對短棒狀突起

趾端有吸盤

▲ 雄體

體長2至4公分	水棲性	夜行性	棲地為流水

特徵 周氏樹蛙的體色常隨環境而變成鉛灰色、淡褐色或黃褐色。背部有X形或H形深色花紋，腹部白色，手及腳部有深褐色橫帶。身體背面有許多顆粒性突起，背中央近肩胛處有一對短棒狀突起，大腿內側具有不規則的雲狀斑。

繁殖 二月至十月是主要的繁殖季

分布 台灣蘭陽溪以北及嘉義朴子溪以北，日本琉球群島南部的西表島及石垣島。

俗別名 溫泉蛙

身體背面有許多顆粒，背中央有一對短棒狀突起。

大腿內側具有不規則的雲狀斑

周氏樹蛙的體色多變

相似種鑑別

面天樹蛙

腹部有深色小斑點，四肢外側有白色顆粒狀突起。

太田樹蛙

內腿下側具有形狀規則的白色小圓點

生活史 Life Cycle

卵與蝌蚪 Eggs and Tadpoles

周氏樹蛙交配產卵中（江志緯攝）

周氏樹蛙蝌蚪的眼睛背側位，尾細長為身體兩倍以上，有數條黑色橫紋，鰭透明有斑點，屬於流水底棲型，是少數能生活在溫泉的蝌蚪。

長出後腳的蝌蚪

小蛙與成蛙 Juvenile and Adult

周氏樹蛙幼蛙（盧紹榮攝）

周氏樹蛙背部有X或H形深色花紋

前肢上臂常呈紅褐色

周氏樹蛙雖屬於樹蛙科但喜歡棲息在溪流溝渠環境

周氏樹蛙抱接交配

聲音特徵

主要頻率：3328（Hz）

波形圖

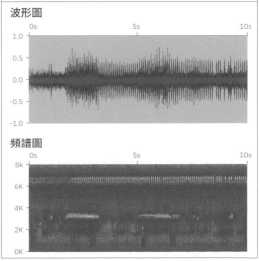

頻譜圖

| 樹蛙科 Rhacophoridae | *Buergeria otai* Wang, Hsiao, Lee, Tseng, Lin, Komaki & Lin, 2017 | 一般類，普遍 |

太田樹蛙 Ota's stream tree frog 特有種

　　太田樹蛙是2017年根據遺傳、形態、鳴叫聲、回播實驗等四組證據，從周氏樹蛙分出來的新種，外型和生態習性與周氏樹蛙相似，兩者叫聲都很類似蟲鳴，但有所不同。周氏樹蛙只會發出一種長鳴叫，但太田樹蛙會發出兩種長鳴叫，其中第一種叫聲是類似周氏樹蛙但節奏較慢的長鳴；而較常見的第二種長鳴叫則會由一個短鳴叫起頭，接續著一連串高低起伏的鳴叫，最後由一個短鳴叫結束。

太田樹蛙會發出兩種長鳴叫

大腿內側具有形狀規則的白色小圓點

背中央近肩胛處有一對短棒狀突起

▲ 雄體

趾端有吸盤

雌蛙體型較雄蛙大

▲ 雌體

體長2至4公分	水棲性	夜行性	棲地為流水

特徵 太田樹蛙的體色常隨環境而變成鉛灰色、淡褐色或黃褐色。背部有X形或H形深色花紋，腹部白色，手及腳部有深褐色橫帶。身體背面有許多顆粒性突起，背中央近肩胛處有一對短棒狀突起，大腿內側具有形狀規則的白色小圓點。

繁殖 終年繁殖，但春、夏比較活躍。

分布 台灣雲林朴子溪以南西部地區，蘭陽溪以南的花東地區。

俗別名 溫泉蛙

太田樹蛙的體色常隨環境而變，有時呈鉛灰色。

兩隻雄蛙爭奪地盤打架

雌蛙背部有時會呈紅褐色

相似種鑑別

面天樹蛙

腹部有深色小斑點，四肢外側有白色顆粒狀突起。

周氏樹蛙

大腿內側具有不規則的雲狀斑

生活史 Life Cycle

卵與蝌蚪 Eggs and Tadpoles

太田樹蛙的卵粒一粒粒散落在淺水域，有如小石頭一般，大約24至36小時就能孵化成小蝌蚪。

太田樹蛙蝌蚪是少數能生活在溫泉環境的蝌蚪，外型和周氏樹蛙很像，尾細長有數條黑色橫紋，屬於流水底棲型。

長出後腳的蝌蚪

小蛙與成蛙 Juvenile and Adult

剛變態上岸的小蛙

太田樹蛙和周氏樹蛙很像，背中央都有一對短棒狀突起。

太田樹蛙有很好的保護色，手及腳部有深褐色橫帶。

太田樹蛙喜歡棲息在溪流溝渠環境

太田樹蛙交配

聲音特徵

主要頻率：2759（Hz）

波形圖

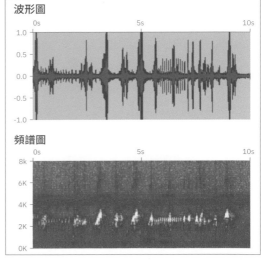

頻譜圖

樹蛙科 Rhacophoridae	*Buergeria robusta*（Boulenger, 1909）	一般類，普遍

褐樹蛙 Brown tree frog 特有種

　　褐樹蛙在樹蛙家族中屬於中大型，身體呈褐色，所以稱之為褐樹蛙。平時喜歡棲息在河邊的樹上或石縫中，此時的顏色較淺，幾乎呈現白色。到了春夏季節，則會趁著黑夜，成千上百隻遷移到溪流裏繁殖，聚成小群在大石頭上鳴叫，雄蛙此時經常變成金黃色。雄蛙有單一外鳴囊，叫聲是細碎的「嘓、嘓」，偶而發出幾聲粗粗的「嘎」。褐樹蛙曾因為是特有種而且有捕捉壓力被列為保育類，目前族群量尚穩定，在2008年改成一般類。

雄蛙具有單一外鳴囊（徐本裕攝）

兩眼到吻端有淡黃色的三角形斑

虹膜有銀白色及褐色兩色

趾端有吸盤

▲ 雄體

| 體長5至9公分 | 樹棲性 | 夜行性 | 棲地為樹林、流水 |

特徵 身體顏色以褐色為主,從兩眼到吻端有一塊淡黃色的三角形斑,而兩眼到體背另有一塊倒三角形的黑斑。眼睛大而突出,虹膜有銀白色及褐色兩色,好像英文T字。

繁殖 春天及夏天

分布 全台灣中低海拔的山區

俗別名 壯溪樹蛙

褐樹蛙雌蛙

白天棲息在河邊的樹上或石縫中,此時的顏色較淺。

從兩眼往前有一塊淡色的三角形斑,而兩眼往後亦有一塊深色的倒三角形斑。

相似種鑑別

布氏樹蛙

兩眼到吻端沒有淡黃色的三角形斑,大腿內側及體側有黑色網紋。

斑腿樹蛙

兩眼到吻端沒有淡黃色的三角形斑,大腿內側及體側有黑底白點花紋。

褐樹蛙的吸盤特別膨大明顯

生活史 Life Cycle

卵與蝌蚪 Eggs and Tadpoles

褐樹蛙卵囊具有黏性

蝌蚪眼睛背側位，身體褐色，尾部有大型黑斑或條紋，鰭半透明有斑點。口部凹陷幫助吸附，屬於流水攀吸型。

長出後腳的褐樹蛙蝌蚪

小蛙與成蛙 Juvenile and Adult

褐樹蛙幼蛙

繁殖季時雄蛙經常變成金黃色

雄蛙及雌蛙的體型差異很大，這是溪流繁殖蛙類的特性之一。

聲音特徵

主要頻率：2069 （Hz）

波形圖

頻譜圖

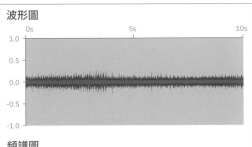

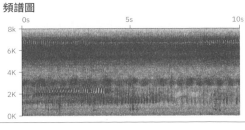

| 樹蛙科 Rhacophoridae | *Kurixalus berylliniris* Wu, Huang, Tsai, Lin, Jhang & Wu, 2016 | 一般類，局部普通 |

碧眼樹蛙 Emerald-eyed tree frog 特有種

　　碧眼樹蛙是2016年根據遺傳、形態、鳴叫聲從艾氏樹蛙分出來的新種，生態習性和艾氏樹蛙一樣，雄蛙會躲到有水的竹筒或樹洞內鳴叫，雄蛙有單一外鳴囊，叫聲是較規律的「逼逼、逼逼」。

碧眼樹蛙雌蛙

雄蛙有單一外鳴囊（江志緯攝）

體色可從淺色到綠色

四肢外側有白色顆粒突出，小腿和足部相接處的白點最明顯。

▲ 雄體

體長3至5公分	樹棲性	夜行性	棲地為樹林

特徵 碧眼樹蛙的體色多變，可從淡褐色變到綠色，皮膚上有許多顆粒狀的突起，背部有一個X形的深色斑，四肢外側有白色顆粒突出，小腿和足部相接處的白點最明顯。大多個體眼睛虹膜呈現綠色。手掌內掌突大而明顯，雄性婚墊扁平肥大。

繁殖 九月至次年三月是主要的繁殖期

分布 台灣東部及東南部低海拔山區

白梅花蛇鑽進竹筒中掠食蝌蚪

眼睛虹膜呈現翠綠色而得名

相似種鑑別

面天樹蛙

腹部靠近腋部有兩個大黑斑，體色不會變綠。

艾氏樹蛙

眼睛虹膜非翠綠色

王氏樹蛙

上眼瞼之間有一橫斑，腹部淺橘色。

四肢外側有白色顆粒突出，小腿和足部相接處的白點最明顯。

生活史 Life Cycle

卵與蝌蚪 Eggs and Tadpoles

交配後產出的卵一粒粒黏在竹洞壁上

碧眼樹蛙雌蛙會回來產出未受精的卵餵食蝌蚪

卵開始發育成胚胎

蝌蚪樹棲型，眼睛背位，口部前背位，吻端截鈍利於取食卵粒。

小蛙與成蛙 Juvenile and Adult

變態完成的碧眼樹蛙幼蛙爬出洞口

雄蛙躲在積水的竹洞中鳴叫吸引雌蛙過來交配

除了竹筒樹洞，碧眼樹蛙也會利用人工儲水容器交配產卵。（江志緯攝）

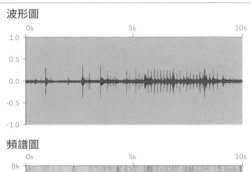

碧眼樹蛙的眼睛虹膜不一定是綠色

聲音特徵

主要頻率：2626（Hz）

波形圖

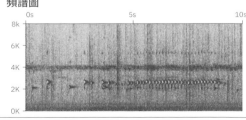

頻譜圖

| 樹蛙科 Rhacophoridae | *Kurixalus eiffingeri* (Boettger, 1895) | 一般類，局部普遍 |

艾氏樹蛙 Eiffinger's tree frog

艾氏樹蛙雄蛙會躲到有水的竹筒或樹洞內鳴叫，雄蛙有單一外鳴囊，叫聲是亮而規律的「逼、逼、逼」。牠們是「台灣最有愛心的青蛙」，因為雄蛙交配之後，繼續留在竹筒或樹洞內照顧卵粒，以維持卵粒的濕潤；雌蛙則定期回來產卵餵食在洞中積水成長發育的蝌蚪。餵食的時候，雌蛙將身體下半部浸在水裡，蝌蚪主動聚集在雌蛙肛門附近並刺激雌蛙排卵。蝌蚪食卵的時候，先將卵的膠質囊咬破後，再吸食卵粒。

雄蛙有時也在竹筒外或附近的草叢鳴叫，獲得交配之後，雌蛙才帶雄蛙到竹筒內產卵。

體色可從淺色到綠色

四肢外側有白色顆粒突出，小腿和足部相接處的白點最明顯。

▲ 雄體

體長3至5公分	樹棲性	夜行性	棲地為樹林

特徵 艾氏樹蛙的體色多變，可從淡褐色變到綠色，皮膚上有許多顆粒狀的突起，背部有一個X形的深色斑，四肢外側有白色顆粒突出，小腿和足部相接處的白點最明顯。

繁殖 三月到九月是主要繁殖季節

分布 日本琉球群島；台灣西部中低海拔的山區。

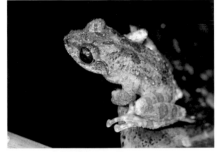

背部有一個X形的深色斑

有時會多隻雄蛙共用一個竹筒

相似種鑑別

面天樹蛙

腹部靠近腋部有兩個大黑斑，體色不會變綠。

碧眼樹蛙

上眼瞼之間沒有一橫斑，手掌內掌突大而明顯，雄性婚墊扁平肥大。

王氏樹蛙

上眼瞼之間有一橫斑，腹部淺橘色。

艾氏樹蛙的體色多變

生活史 Life Cycle

卵與蝌蚪 Eggs and Tadpoles

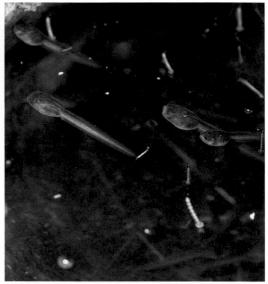

卵一粒粒分開黏在壁上，雌蛙每次產卵不超過200顆。

艾氏樹蛙蝌蚪樹棲型，身體褐色，尾部顏色較淡。眼睛背位，口部前背位，吻端截鈍利於取食卵粒。

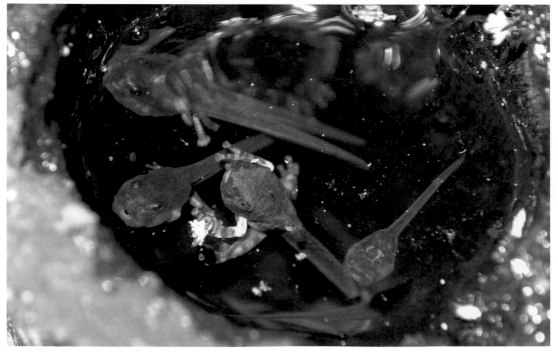

長出前肢及後肢的蝌蚪（盧紹榮攝）

小蛙與成蛙 Juvenile and Adult

艾氏樹蛙幼蛙

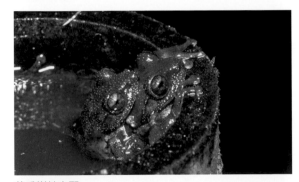

艾氏樹蛙交配

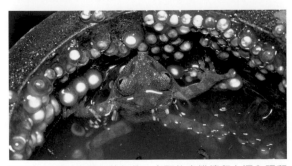

艾氏樹蛙雄蛙有護卵的行為，交配後會繼續留在洞內照顧卵粒維持卵粒的濕潤。

聲音特徵

主要頻率：2685（Hz）

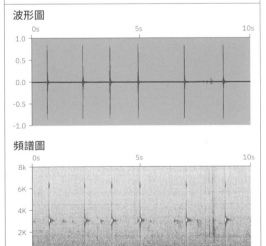

波形圖

頻譜圖

| 樹蛙科 Rhacophoridae | *Kurixalus idiootocus*（Kuramoto and Wang, 1987） | 一般類，局部普遍 |

面天樹蛙 Meintein tree frog 特有種

　　面天樹蛙是由日本學者M.Kuramoro 及台灣學者王慶讓先生於1987年命名發表的新種，其學名idiootocus指的是不同的產卵型態，因為面天樹蛙的外型和叫聲和艾氏樹蛙很像，所以先前一直被誤認為同一種，但因這兩種蛙類有不同的產卵方式，所以確定為不同種。至於俗名面天樹蛙則是因為模式標本的採集地點位於陽明山的面天山區，所以是地名。生殖期間，雄蛙會在聚集到水邊低矮的植物體上或地上鳴叫，雄蛙有單一外鳴囊，叫聲「逼、逼、逼」，短促而且不規律。

腹部有很多的深色小斑點，尤其靠近腋部有兩個大黑斑。

小腿和足部相接處有小白點。

雄蛙體色以褐色為主，不會變綠。背部有X或H形的深色斑。

雌蛙體型比雄蛙大很多

四肢外側有白色顆粒突出

▲ 雄體

▲ 雌體

| 體長2至5公分 | 樹棲性 | 夜行性 | 棲地為樹林、灌叢、草叢 |

特徵 面天樹蛙皮膚上有許多顆粒狀的突起，體色褐色，背部有X或H形的深色斑。腹部有很多的深色小斑點，尤其靠近腋部有兩個大黑斑。

繁殖 生殖期從二月到九月，相當長。在暖冬的時候，生殖期甚至可達全年。

分布 台灣西部中低海拔地區

生殖期間，雄蛙會在聚集到水邊低矮的植物體上或地上鳴叫。

白天很喜歡靜靜的平貼在植物的葉面上作日光浴，此時身體顏色會變得較淺。

相似種鑑別

艾氏樹蛙

艾氏樹蛙、碧眼樹蛙、王氏樹蛙腹部靠近腋部沒有人黑斑，體色會變綠。

碧眼樹蛙

上眼瞼之間沒有一橫斑，手掌內掌突大而明顯，雄性婚墊扁平肥大，虹膜多為綠色。

王氏樹蛙

上眼瞼之間有一橫斑，腹部淺橘色。

生活史 Life Cycle

卵與蝌蚪 Eggs and Tadpoles

卵產在地表的落葉中，常因沾有沙粒而呈土褐色，有如打翻一地的粉圓。

面天樹蛙蝌蚪眼睛背側位，身體淡褐色，尾鰭半透明，屬於靜水底棲性淺水型。

長出後腳的蝌蚪（王人凱攝）

小蛙與成蛙 Juvenile and Adult

蝌蚪變態中（江志緯攝）

面天樹蛙幼蛙

面天樹蛙抱接

聲音特徵

主要頻率：2565（Hz）

波形圖

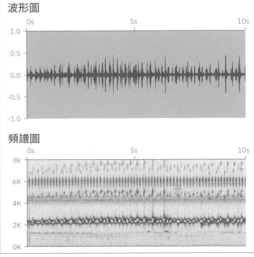

樹蛙科 Rhacophoridae	*Kurixalus wangi* Wu, Huang, Tsai, Lin, Jhang & Wu, 2016	一般類，局部不普遍

王氏樹蛙 Wang's tree frog 特有種

　　王氏樹蛙是2016年根據遺傳、形態、鳴叫聲從艾氏樹蛙分出來的新種，生態習性和艾氏樹蛙一樣，雄蛙會躲到有水的竹筒或樹洞內鳴叫，雄蛙有單一外鳴囊，叫聲是類似面天樹蛙較不規律的「逼、逼、逼」。

王氏樹蛙鳴叫（李佳翰攝）

體色褐色

上眼瞼之間有一橫斑

四肢外側有白色顆粒突出，小腿和足部相接處的白點最明顯。

▲ 雄體

體長3至5公分	樹棲性	夜行性	棲地為樹林

特徵 王氏樹蛙的體色多變,但以褐色為主,皮膚上有許多顆粒狀的突起,背部有一個X形的深色斑,向前延伸至上眼瞼,上眼瞼之間有一橫斑。四肢外側有白色顆粒突出,小腿和足部相接處的白點最明顯。腹部淺橘色。

繁殖 只要溫度及濕度適合,整年都能繁殖。

分布 台灣東南部低海拔山區

王氏樹蛙的腹部淺橘色 (机慶國攝)

王氏樹蛙四肢外側有白色顆粒突出,小腿和足部相接處的白點最明顯。(李佳翰攝)

王氏樹蛙上眼瞼之間有一橫斑 (李佳翰攝)

相似種鑑別

艾氏樹蛙

上眼瞼之間沒有一橫斑

碧眼樹蛙

上眼瞼之間沒有一橫斑,虹膜多為綠色。

面天樹蛙

腹部靠近腋部有兩個大黑斑,體色不會變綠。

生活史 Life Cycle

卵與蝌蚪 Eggs and Tadpoles

王氏樹蛙雄蛙有護卵行為（机慶國攝）　　產在樹洞中的卵（机慶國攝）

王氏樹蛙蝌蚪樹棲型，眼睛背位，口部前背位，吻端截鈍利於取食卵粒。（林佳宏攝）

小蛙與成蛙 Juvenile and Adult

王氏樹蛙幼蛙（江志緯攝）

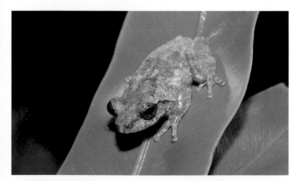

王氏樹蛙的外型和生態習性都和艾氏樹蛙很像

抱接交配（劉人豪攝）

聲音特徵

主要頻率：2877（Hz）

波形圖

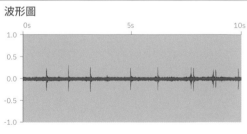

頻譜圖

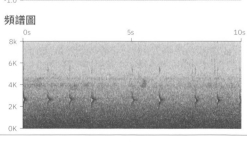

樹蛙科 Rhacophoridae	*Polypedates braueri*（Vogt, 1911）	一般類，普遍

布氏樹蛙 Brauer's tree frog

　　布氏樹蛙是一種中型樹蛙，身體背面為褐色，有2到4條深褐色縱帶，間雜一些斑點，或僅有一些斑點。腹側、鼠蹊部及後肢股部具有黑白相間成網狀花紋，好像穿了一雙網紋絲襪，所以暱稱為「台灣最性感的蛙類」。

　　雄蛙有單一外鳴囊，喜歡利用池塘、蓄水池、水溝等靜水域繁殖，叫聲有如擊鼓般的「答、答、答」，在夏夜裏聽起來格外清晰、高亢。當數百隻雄蛙齊鳴的時候，讓人有置身戰場的震撼效果。卵塊是黃色泡沫狀，產於水邊的植物體上或潮濕有落葉遮蔽的地面，有時候會好幾個黏成一大團。

布氏樹蛙上唇邊緣為白色，之前稱之為白頷樹蛙。

鼓膜上方皮褶為橘紅色

大腿內側及體側有黑色網紋

上唇邊緣為白色

▲ 雄體

體長5至7公分	樹棲性	夜行性	棲地為靜水池、樹林

特徵 布氏樹蛙身體背面為紅褐色、褐色或淺褐色,有深褐色縱帶,間雜一些斑點,或僅有一些斑點。上唇邊緣為白色,鼓膜上方皮褶為橘紅色,眼鼻線及鼓膜上方皮褶下則有一條黑線。腹側、鼠蹊部及後肢股部具有黑白相間成網狀花紋,前後肢都有橫帶。

繁殖 四月到九月為主要繁殖期

分布 中國大陸南方;全台灣低海拔山區。

俗別名 之前稱之為白頷樹蛙

雄蛙具有單一外鳴囊

布氏樹蛙背部通常有四條深色縱帶

大腿內側及體側有黑色網紋,好像穿了一雙網紋絲襪,所以暱稱為「台灣最性感的蛙類」。

布氏樹蛙雌蛙

相似種鑑別

褐樹蛙

兩眼到吻端有淡黃色的三角形斑,大腿內側及體側沒有黑色網紋。

斑腿樹蛙

吻較尖,身體較修長,腹側、鼠蹊部及後肢股部具有黑底白點的花紋。

生活史 Life Cycle

卵與蝌蚪 Eggs and Tadpoles

小蝌蚪孵化後，分泌酵素將泡沫溶成液狀而游出來。

在下雨的夜晚，牠們常常集體大量出現。雄蛙多，競爭也就特別激烈，有時候甚至好幾隻雄蛙爭先恐後的抱同一隻雌蛙，還一起交配產卵呢！

長出後腳的蝌蚪

卵粒包在黃色泡沫卵塊內

布氏樹蛙蝌蚪身體卵圓型，眼睛側位，吻端有一個小白點，很可愛也很容易辨識，屬於靜水懸泳型。

小蛙與成蛙 Juvenile and Adult

剛上岸的幼蛙

布氏樹蛙幼蛙

交配時雄雌蛙交互踢打出泡沫卵

聲音特徵

主要頻率：1054（Hz）

波形圖

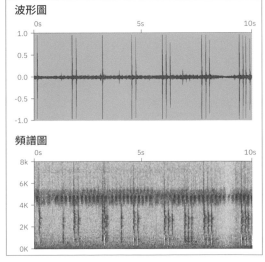

頻譜圖

樹蛙科 Rhacophoridae	*Polypedates megacephalus* Hallowell, 1861	普遍

斑腿樹蛙 Spot-legged tree frog 外來種

　　斑腿樹蛙2006年才出現在台灣的彰化及台中，剛開始在中部及北部呈點狀分布，由於牠們對農墾地的適應力很強，喜歡菜園及竹林環境，可以利用灌溉溝渠擴散，因此在台灣西部海拔500公尺以下的開墾地快速擴散，分布範圍也逐漸由點連成面。斑腿樹蛙入侵之後，仗著適應力佳繁殖力高的優勢，很快就成為優勢種蛙類，對共域的蛙類生存造成嚴重的威脅。

斑腿樹蛙的外型和布氏樹蛙非常像，身體背面為紅褐色、褐色或淺褐色，上唇邊緣為白色。

背部具有深色X、又花紋或條紋。

吻較尖

體型瘦長

上唇邊緣為白色

▲ 雄體

| 體長5至7公分 | 樹棲性 | 夜行性 | 棲地為靜水池、樹林 |

特徵 斑腿樹蛙的外型和布氏樹蛙非常像，身體背面為紅褐色、褐色或淺褐色，背部花紋為X、又或條紋。上唇邊緣為白色，鼓膜上方橘紅色皮褶不明顯，眼鼻線及鼓膜上方皮褶下則有一條黑線。腹側、鼠蹊部及後肢股部具有黑底白點的花紋，前後肢都有橫帶。

繁殖 三月到九月為主要繁殖期

分布 中國大陸南方，香港、印度及中南半島；台灣全島西部平地。

雄蛙具單一外鳴囊（何俊霖攝）

也有背部花紋是條紋狀的

背部花紋常為X或又字紋

腹側及後肢股部具有黑底白點的花紋

相似種鑑別

褐樹蛙

兩眼到吻端有淡黃色的三角形斑，大腿內側及體側沒有黑色網紋。

布氏樹蛙

大腿內側及體側具有黑白相間成網狀花紋

生活史 Life Cycle

卵與蝌蚪 Eggs and Tadpoles

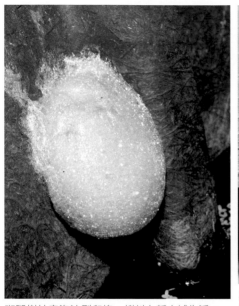

斑腿樹蛙產泡沫型卵塊、蝌蚪在靜水域生活。

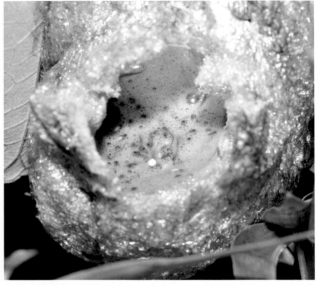

卵包在淡黃色或藍綠色的泡沫卵塊內，小蝌蚪孵化後，分泌酵素將泡沫溶成液狀，在下雨時隨著雨水流入水域。

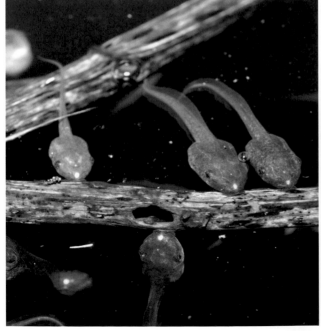

蝌蚪的眼睛側位，吻端有一個小白點，和布氏樹蛙很像，都屬於靜水懸泳型。

斑腿樹蛙蝌蚪一起捕食活的小雨蛙蝌蚪

長出後腳的斑腿樹蛙蝌蚪

小蛙與成蛙 Juvenile and Adult

蝌蚪爬出水面即將變態完成

斑腿樹蛙幼蛙

雌蛙平均一次產639顆卵,遠高於其他台灣原生樹蛙的生殖力。

聲音特徵

主要頻率:1204(Hz)

波形圖

頻譜圖

樹蛙科 Rhacophoridae	*Rhacophorus arvalis* Lue, Lai and Chen, 1995	保育類 II，局部普遍

諸羅樹蛙 Farmland tree frog 特有種 EN

　　綠色的諸羅樹蛙小巧可愛，但有一雙大而靈活
的眼睛，非常引人注目。牠們是以最早發現牠們的地
方－嘉義古地名「諸羅」作為其俗名。喜歡在農耕地
活動，經常在竹林、芒草叢或果園發現牠們的蹤跡，
特別喜歡在雨夜或大雨過後的夜晚鳴叫，所以當地
人稱之為雨蛙。雄蛙具有單一鳴囊，鳴囊略帶黃色，
相當美麗。叫聲是高而輕脆的一連串「滴一、滴一、
滴一」，乍聽之下，會誤以為是蟲叫。雄蛙經常聚集
一起出現，但分開停棲在遮蔽良好的植物體上鳴
叫，有時候甚至會出現在二、三公尺高的地方。

特別喜歡在雨夜或大雨過後的夜晚鳴叫，所以當
地人稱之為雨蛙。

從吻端到體側有一條白色皮褶

背部顏色為淺綠色

腹部及體側白色，
沒有斑點。

趾端有吸盤

▲ 雄體

體長4至8公分	樹棲性	夜行性	棲地為樹林、草叢

特徵 背部顏色為淺黃綠色，腹部白色，身體兩側各有一
　　　條白色皮褶，非常醒目。

繁殖 三月到十月，高峰期出現在七月及八月。

分布 台灣雲林、嘉義及台南

俗別名 雨蛙、雨怪

近年來，由於竹林等棲地面積的減少，諸羅
樹蛙族群量面臨下降的危機，在2008年被
列為保育類動物，已經有不少保育團體針對
諸羅樹蛙進行宣導保育活動，希望幫助牠們
在野外快樂生活。

腹部白色，身體兩側各有一條白色皮褶，非常醒目。

諸羅樹蛙在樹上覓食

雄蛙鳴叫吸引雌蛙配對之後，雌蛙會帶著雄蛙到水邊落葉底下產卵。

相似種鑑別

中國樹蟾

頭部有黑眼罩，體側有黑斑。

生活史 Life Cycle

卵與蝌蚪 Eggs and Tadpoles

白色泡沫卵塊大小如拳頭，有保濕的功能。卵粒白色，在白色泡沫卵塊裡孵化成蝌蚪，然後藉由雨水的幫助，沖進水裡繼續完成其蝌蚪期。

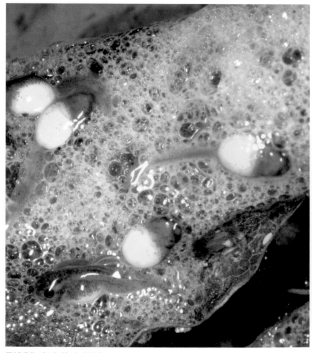

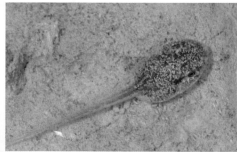

諸羅樹蛙蝌蚪眼睛背側位，身體褐色散佈著不規則形狀的黑斑，屬於靜水底棲性淺水型。

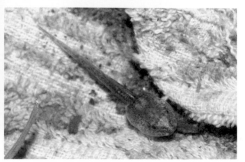

剛孵化出來的小蝌蚪

長後腳的蝌蚪 (楊胤勛攝)

小蛙與成蛙 Juvenile and Adult

諸羅樹蛙可愛的小蛙

喜歡在農耕地活動，經常在竹林、芒草叢或果園發現牠們的蹤跡。

諸羅樹蛙交配準備產卵

聲音特徵

主要頻率：2457（Hz）

波形圖

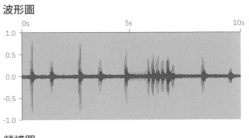

頻譜圖

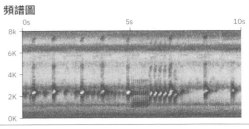

| 樹蛙科 Rhacophoridae | *Rhacophorus aurantiventris* Lue, Lai and Chen, 1994 | 保育類 II，稀有 |

橙腹樹蛙 Orange belly tree frog 特有種 EN

　　橙腹樹蛙是中大型的樹蛙，因腹部呈橘紅色而得名。背部墨綠色，有些個體有一些小白斑，身體兩側各有一條白色皮褶。主要棲息在高大喬木上，生性隱密，不容易發現。雄蛙有單一外鳴囊，叫聲是小聲不連續的「呱」。產泡沫型卵塊於樹洞中，或樹林底層的靜水域。最早是在福山植物園發現其蹤跡，之後，北橫、台東知本、利嘉、高雄扇平、屏東南仁山、大漢山以及花蓮等海拔1000公尺以下未開發的原始森林中也陸續發現，但數量都非常稀少，亟待小心的保護。

雄蛙有單一外鳴囊　（何俊霖攝）

眼睛虹膜黃色

腹部橘紅色，沒有斑點。

▲ 雄體

趾端吸盤橘紅色

體長5至8公分	樹棲性	夜行性	棲地為樹林

特徵 背部綠色，腹部橘紅色，身體兩側各有一條白色皮
　　　褶，沒有斑點。指（趾）端吸盤橘紅色，眼睛虹膜黃
　　　色。

繁殖 以春夏兩季為主

分布 台灣全島中低海拔山區

身體兩側各有一條白色皮褶

族群分佈零散，數量稀少，屬於瀕危種類。

單看一隻橙腹樹蛙，會覺得牠們很美麗醒
目，但當牠們隱身在樹叢中，紅綠配色是極
佳的保護色。為了達到隱蔽效果，連下眼瞼
都是綠色的。

虹膜黃色或白色，腹部、吸盤橘紅色，唇部也是性感的橘紅色。

相似種鑑別

莫氏樹蛙

體型較小，腹部黃色，體側有黑斑。

生活史 Life Cycle

卵與蝌蚪 Eggs and Tadpoles

橙腹樹蛙也會利用水桶產卵 (柯丁誌攝)

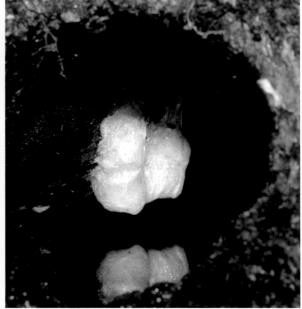

白色泡沫狀的卵塊產於樹洞中

蝌蚪眼睛背位，口位於前腹部近吻端，尾鰭高，偏向靜水底棲型。

長出後腳的蝌蚪 (顏振暉攝)

小蛙與成蛙 Juvenile and Adult

爬上陸地變態即將完成

橙腹樹蛙幼蛙 (顏振暉攝)

橙腹樹蛙在樹上交配 (何瑞暘攝)

聲音特徵

主要頻率：1297（Hz）

波形圖

頻譜圖

| 樹蛙科 Rhacophoridae | *Rhacophorus moltrechti* Boulenger, 1908 | 一般類，普遍 |

莫氏樹蛙 Moltrecht's tree frog 特有種

　　莫氏樹蛙是台灣分布最廣的綠色樹蛙，由低海拔的樹林、果園、開墾地到2000多公尺高山針葉林，都可見到牠們的蹤跡。平常住在樹林裡，繁殖期時才到水邊活動。繁殖期的時候，雄蛙常在落葉底下挖一個淺淺的洞藏身鳴叫，也喜歡躲在水溝旁邊的石縫、鬆鬆的土堆或草根處，有時也會爬到樹上高歌。雄蛙有單一外鳴囊，叫聲很響亮，如同火雞叫般的一長串「呱—阿，呱呱呱呱呱呱」。

雄蛙有單一外鳴囊，叫聲很響亮，如同火雞叫一般。

虹膜橘紅色

體側及四肢內側
有許多小黑斑

趾端有吸盤

大腿內側橘紅色

▲ 雄體

體長4至6公分	樹棲性	夜行性	棲地為樹林、草叢

特徵 莫氏樹蛙背部綠色，有些個體帶有一些小白點，腹面及側面散有一些黑斑點，大腿內側呈鮮豔的橘紅色或淡橘色，眼睛虹膜黃色或橘紅色。

繁殖 莫氏樹蛙的繁殖期隨地區而有所不同，但以春天比較多。台灣北部及東北部一般在春天及夏天繁殖；中南部在夏天及秋天產卵；東部花蓮地區是在冬季；潮溼的山區例如溪頭，則終年繁殖。

分布 台灣廣泛分布於全島各地

莫氏樹蛙大腿內側呈鮮豔的橘紅色，好像穿一條紅內褲。這是一種保護色，逃跑的時候兩腿一伸，露出紅內褲來讓敵人嚇一跳。

莫氏樹蛙是台灣分布最廣的綠色樹蛙

有些地區的莫氏樹蛙腹部很黃，常被誤認為台北樹蛙。

相似種鑑別

台北樹蛙

體側沒有黑斑，眼睛虹膜及大腿內側都是黃色。

生活史 Life Cycle

卵與蝌蚪 Eggs and Tadpoles

雌蛙受雄蛙叫聲吸引，主動接近雄蛙形成配對，偶而也會出現一隻雌蛙同時和多隻雄蛙交配情形。

卵塊是白色泡沫狀，約拳頭大，常產於植物根部或爛泥堆中，也常利用人工水域。

蝌蚪眼睛背側位，身體深褐色橢圓形，尾長為體長兩倍，屬於靜水底棲性深水型。

長出後肢的後期蝌蚪與幼小的前期蝌蚪

小蛙與成蛙 Juvenile and Adult

蝌蚪將變態完成尾巴逐漸吸收中

莫氏樹蛙幼蛙

眼睛虹膜為橘紅色，腹面及側面散有一些黑斑點。

聲音特徵

主要頻率：1343（Hz）

波形圖

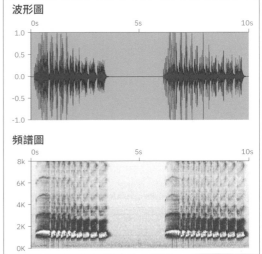

頻譜圖

| 樹蛙科 Rhacophoridae | *Rhacophorus prasinatus* Mou, Risch, and Lue, 1983 | 保育類 III，局部普遍 |

翡翠樹蛙 Emerald tree frog 特有種 NT

　　翡翠樹蛙因為身體顏色呈現美麗的翠綠色而得名，主要分布於北部南北勢溪流域，例如新店廣興、烏來娃娃谷等地；宜蘭的低海拔山區，例如福山植物園、礁溪等地；以及桃園石門水庫及東眼山區。牠們對環境並不是很挑剔，經常在果園或菜園裡發現牠們的蹤跡。雄蛙有單一外鳴囊，通常在水邊的植物體上鳴叫，叫聲是短促的「呱—阿、呱—阿」。

雄蛙有單一外鳴囊，通常在水邊的植物體上鳴叫。
（徐浩偉攝）

體側及四肢內側有許多黑斑

眼鼻線及顳褶金黃色

趾端有吸盤

▲ 雄體

| 體長5至8公分 | 樹棲性 | 夜行性 | 棲地為樹林、灌叢 |

特徵 翡翠樹蛙是中大型的樹蛙，背面是鮮豔的翠綠色，在背腹相接處有一條白紋，在腹部、腹側及股部常有大型黑斑，眼睛有一條金黃色過眼線。

繁殖 幾乎整年都會鳴叫繁殖，但以九月到十一月秋天及四月春天最為活躍。

分布 台灣北部

翡翠樹蛙是中大型的樹蛙

背腹相接處有一條白紋，在腹部、腹側及股部常有大型黑斑。

眼睛有一條金黃色過眼線

翡翠樹蛙因為身體顏色呈現美麗的翠綠色而得名

雌蛙受雄蛙叫聲吸引，主動接近雄蛙並在樹上形成配對，然後雌蛙帶著雄蛙到適當地點產卵。有時候雌蛙產到一半的時候，會帶著配對的雄蛙跳到水中吸水補充水分，然後再回到樹上繼續產卵，有時也會出現一隻雌蛙和多隻雄蛙配對產卵現象。

相似種鑑別

台北樹蛙

體型較小，體側沒有黑斑。莫氏樹蛙體型較小，大腿內側橘紅色。

生活史 Life Cycle

卵與蝌蚪 Eggs and Tadpoles

蝌蚪眼睛背側位，身體深褐色，尾鰭高而發達，成波浪狀，屬於靜水底棲性深水型。

雌蛙偏好在有泡沫卵塊的地方產卵，因此卵塊經常聚集在一起，剛產下的泡沫卵塊白色帶淺粉紅色。

翡翠樹蛙長出後腳的蝌蚪

蝌蚪即將變態完成（梁彧禎攝）

小蛙與成蛙 Juvenile and Adult

翡翠樹蛙幼蛙（何俊霖攝）

主要由雌蛙踢打後肢產出泡沫卵塊

聲音特徵

主要頻率：1398（Hz）

波形圖

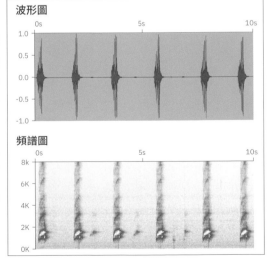

樹蛙科 Rhacophoridae	*Rhacophorus taipeianus* Liang and Wang, 1978	保育類 III，局部普遍

台北樹蛙 Taipei tree frog 特有種 VU

　　台北樹蛙命名的模式標本採集新北市樹林區，所以稱之為台北樹蛙。平常居住在樹上或樹林底層，繁殖時期雄蛙才會遷移到樹林附近的靜水域，並在水邊的草根、石縫或落葉底下挖洞鳴叫。雄蛙有單一外鳴囊，叫聲是長而低沉的「呱——呱——呱——」。由於雌蛙偏愛叫聲低沉、體型大的雄蛙，體型較小的雄蛙有時會捨棄挖洞鳴叫的求偶方式，偷偷的爬進已獲得配對的其他雄蛙洞中。所以有時在一個洞中，可看到一隻雌蛙和多隻雄蛙共同交配產卵的現象，這是較弱勢的雄蛙（年輕、個體小或體能已耗盡的雄蛙）企圖獲得交配成功的一種策略。

台北樹蛙也會利用現成的洞在裡面鳴叫求偶

眼睛虹膜黃色

腹部黃色

趾端有吸盤

▲ 雄體

大腿內側有些細小的深褐色斑點

體長4至6公分	樹棲性	夜行性	棲地為樹林、草叢

特徵 台北樹蛙是中小型的綠色樹蛙，趾端有吸盤，眼睛虹膜黃色，腹面白色或黃色，大腿內側有些細小的深褐色斑點，非常小巧可愛。

繁殖 繁殖期在山區比較長，約從十月到次年三月，平地一般是從十二月到二月。

分布 台灣中北部的低海拔山區及平地

台北樹蛙雌蛙

台北樹蛙棲息在枝葉上

台北樹蛙在挖好的洞裡鳴叫

雌蛙鑽進雄蛙的洞中進行交配產卵

年長的雄蛙會較早來到水池邊挖洞鳴叫，而年輕的雄蛙則比較晚到達。

相似種鑑別

莫氏樹蛙

體側有黑斑，眼睛虹膜及大腿內側都是橘紅色。

生活史 Life Cycle

卵與蝌蚪 Eggs and Tadpoles

孵出的小蝌蚪被雨水沖出洞中流進水域

雌蛙一次產300至400粒卵，卵粒包覆於泡沫型卵塊內。

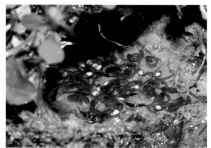

卵在一到兩星期後孵化或蝌蚪，此時蛙巢變成暫時提供蝌蚪生活的小水池。

台北樹蛙蝌蚪眼睛背側位，身體灰黑色，尾細長，有許多淺色細斑點，屬於靜水底棲性淺水型。

長出後腳的蝌蚪

已長出四肢的蝌蚪

小蛙與成蛙 Juvenile and Adult

小蛙僅在每年的三至四月出現。初變態的小蛙，體長僅1.5公分，一年半後，可長到4公分並達性成熟，這時又會回到小蛙離開的水域鳴叫求偶。

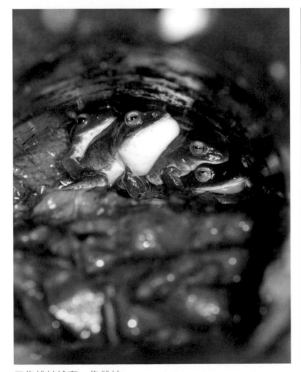

三隻雄蛙搶奪一隻雌蛙

聲音特徵

主要頻率：1426（Hz）

波形圖

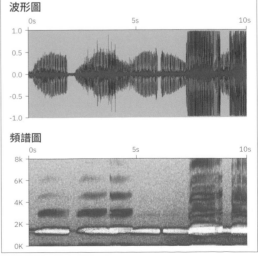

頻譜圖

中名索引

英名索引

學名索引

「台灣蛙類圖鑑」APP 下載與使用說明

「台灣蛙類圖鑑」為貓頭鷹出版社所開發的蛙類野外調查APP，兼具圖鑑檢索與公民科學的功能。收錄全台灣蛙類共6科36種的辨識資訊、鳴叫聲，並以正式的野外蛙類調查表格欄位，與台灣兩棲類保育網（http://www.froghome.org/）的資料庫相連結，令使用者能夠將調查資料與照片在經過審核後上傳到資料庫中，成為正式的觀察紀錄，為台灣的蛙類分布增加普查資料。

本APP共分為五個頻道，由左至右的功能分別為：蛙類資料查詢、蛙類觀察紀錄列表、產生蛙類觀察紀錄、蛙類台灣分布地圖、以及關於我們。功能依序說明如下：

1 蛙類資料查詢

收錄全台野外所有蛙類共6科36種的文圖與聲音。使用者可依青蛙外型選擇「是否有毒腺」、「身體三角形」、「身體修長後肢發達」、「腳趾有明顯吸盤」等四大不同特徵，再依蛙身是否有側褶、體色等細節進行篩選，直覺性查詢野外見到的蛙類物種。

也可直接依科別檢索，或直接鍵入關鍵字。個論中收錄了所有蛙類的野外錄音資料庫，令使用者除了文字描述與影像外，也能學習辨認蛙類動物在野外的重要辨識資訊——鳴叫聲。

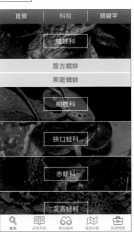

 2 蛙類觀察紀錄列表

 3 產生蛙類觀察紀錄

使用者在野外觀察青蛙時，只要按下「開始觀察」，手機即會立刻以GPS定位所在地的經緯度與海拔，將必填欄位完成後，即可在手機內儲存一筆紀錄。使用者可以用手機鏡頭直接拍照或由相簿匯入蛙類照片至此紀錄中，存檔後可在「紀錄列表」中隨時繼續編修。

在「紀錄列表」中儲存的觀察紀錄，可透過畫面右上角的功能列上傳至台灣兩棲類保育網資料庫（強烈建議在使用本功能前，先行加入台灣兩棲類保育志工團隊，學習本資料庫所需的調查方式與流程）。若您已有此網站的帳密可直接登入，也可以本APP直接註冊。觀察紀錄上傳後會由此網站的團隊審核，可在網站介面中確認是否成功上傳或被退回，以繼續進行資料修正與重新上傳。

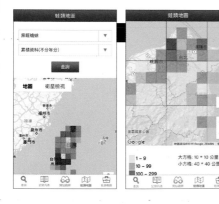

 4 台灣蛙類分布地圖（需網路）

本功能直接連線至台灣兩棲類保育網資料庫中累積的所有觀察資料，令使用者能夠得知全台所有蛙種於不同年份／不分年份的情況下，在台灣的分布，並可自由縮放以查看更為精確的座標。並可切換地圖模式令使用者得以依不同需求檢視資料。

5 蛙類概觀

收錄了本書作者楊懿如、李鵬翔兩位老師所撰寫的蛙類總論共十篇，對台灣的蛙類動物做了深入淺出的精采介紹，此外還有本APP的隱私權聲明與使用說明等資訊。

本APP目前可在下面平台付費下載

iOS   Android

或請直接搜尋關鍵字：台灣蛙類圖鑑